广义DEM与地貌水系一体化综合

黄丽娜 著

知识产权出版社
全国百佳图书出版单位

图书在版编目（CIP）数据

广义DEM与地貌水系一体化综合/黄丽娜著.
—北京：知识产权出版社，2016.7
ISBN 978-7-5130-3912-3

Ⅰ.①广… Ⅱ.①黄… Ⅲ.①测绘学 Ⅳ.①P2

中国版本图书馆CIP数据核字（2015）第265586号

内容提要

地貌综合是地图综合中的一个重要组成部分，也是其中的难点之一。地貌客观存在于三维空间，其形态复杂、表现形式多样，因此其数据的表达形式也多种多样，这就使得地貌综合成为最复杂的信息变换，具有高度的挑战性。

本书从三维信息承载的角度，以全新的思维方式重新审视了地貌综合问题，并提出应基于对地貌三维信息的理解，将地貌建模的概念延伸至广义DEM形态，以此保证不同形式的DEM在综合前后都能获得表达效果上的统一。

本书适合于地图制图及测绘工作者阅读，也可作为高等学校相关专业的教学参考书。

责任编辑：祝元志	责任校对：董志英
封面设计：刘 伟	责任出版：孙婷婷

广义DEM与地貌水系一体化综合

黄丽娜　著

出版发行 知识产权出版社 有限责任公司	网　　址：http://www.ipph.cn
社　　址：北京市海淀区西外太平庄55号	邮　　编：100081
责编电话：010-82000860转8513	责编邮箱：13381270293@163.com
发行电话：010-82000860转8101/8102	发行传真：010-82000893/82005070/82000270
印　　刷：北京中献拓方科技发展有限公司	经　　销：各大网上书店、新华书店及相关专业书店
开　　本：720mm×960mm　1/16	印　　张：13.5
版　　次：2016年7月第1版	印　　次：2016年7月第1次印刷
字　　数：186千字	定　　价：58.00元
ISBN 978-7-5130-3912-3	

出版权专有　侵权必究
如有印装质量问题，本社负责调换。

前　　言

　　地图综合是地图学中最富挑战性和创造性的研究领域之一。通过减小地形的复杂程度、保持地形的易览性，在不同比例尺的地图制作中实现同类信息的最大保真，是地图生产的一个重要内容。其中，地貌和水系作为主要的自然地理要素，一直是国内外各种地形图中不可或缺的基本符号，却在当代数字环境下成为长期困扰地图制图领域的一个综合难题。究其根本原因，是由于地貌和水系是连续存在的地理现象，在传统的地图制图综合中，人工操作时一般都可以通过先对水系进行综合，然后以综合后的水系作为地形结构线来控制等高线形态的化简，从而保持两者之间的套合关系。但对于计算机自动处理而言，它还不具备人类与生俱来的视觉记忆和联想判断能力，因此，难以在等高线综合过程中实时参照经综合后的水系并做出正确判断，甚至经常会在自动综合过程中出现单线河不流经各等高线的局部曲率最大处抑或河流爬坡等不合常理的现象。为解决这些问题，目前在地图生产过程中还只能通过人工判读去进行综合成果的二次纠正，耗费的人力、物力十分惊人。

　　作者提出不从等高线及水系图形这些二维地图符号入手，另辟蹊径，将视角回溯至原始存储地貌与水系的三维地理特征点信息，将地貌与水系上的点统一看成是地表描述的广义数字高程模型进行一体化综合。该方法能够得到符合不同地图比例尺显示需要的综合结果，同时还保持自然界地貌和水系要素间固有的和谐关系，从而减少后期人工介入。本书对于提高我国基础地理信息的数据质量和应用水平具有明显的学术价值和社会经济效益。

本书得到了"数字制图与国土信息应用工程"国家测绘地理信息局重点实验室和地理信息系统教育部重点实验室的热情帮助和大力支持。武汉大学费立凡教授、艾廷华教授、毋河海教授、郭庆胜教授，湖北大学何津副教授等给本书提出了宝贵的意见和建议。在此表示感谢！

目　　录

第一章	绪论	1
1.1	问题的提出	1
1.2	国内外研究现状	7
1.3	本书的研究内容和写作安排	20

第二章	地貌、DEM与广义DEM	22
2.1	关于地貌的一般特征论述	22
2.2	地貌形态的DEM建模	27
2.3	从DEM到广义DEM	41
2.4	小结	49

第三章	基于广义DEM的地貌三维综合模型	51
3.1	地貌三维综合的基本思想	51
3.2	地貌三维综合的约束条件	55
3.3	基于广义DEM的地貌三维综合框架	59
3.4	小结	67

第四章	基于3DDP的地貌三维综合算法	69
4.1	三维Douglas-Peucker算法	69
4.2	考虑邻近特性的空间排序	81
4.3	基于视觉辨析的特征选取	96
4.4	特征点提取的分块法加速	113
4.5	实验结果分析	114
4.6	小结	126

第五章 地貌与水系一体化制图综合实现..........128

5.1 地貌与水系一体化综合思想..........128
5.2 地貌水系特征点的一体化提取..........135
5.3 综合结果的图形再现..........146
5.4 一体化综合结果分析..........161
5.5 小结..........165

第六章 关于两个重要问题的讨论..........167

6.1 讨论一：综合程度的自动控制问题..........167
6.2 讨论二：地貌综合结果的评判问题..........173
6.3 小结..........184

主要参考文献..........186

附　录..........205

后　记..........207

第一章　绪论

1.1　问题的提出

1.1.1　地图综合的本质是地理信息综合

地图综合是地图学中最富挑战性和创造性的研究领域之一（王桥，1995；毋河海，2000）。在数字环境下，地图综合的内涵与外延发生了变化：地图综合不再局限于图纸上的绘制，而是贯穿地图信息的获取、存储、分析和显示的全过程（郭庆胜，2000）。在多比例尺地图生产或可视化领域，地图综合可以在给定的空间和精度范围下减小地理数据的复杂程度并保持地图的易览性；当进行信息传输时，地图综合能达到最有效压缩数据效果；当涉及地理空间知识的认知时，地图综合则成为获取空间知识和进行数据挖掘的重要手段（李霖和吴凡，2005）。地图综合的背后是对地理（现象）的认知与抽象：它以一定的概括手段，从庞大而复杂的信息数据中去粗取精，从而揭示事物本质。

数字环境下的地理信息具有数据存储和可视化分离的特点，地图综合即是对空间数据库中存储的地理实体信息以及它们之间的关系信息进行评价、抽象、选择和概括。当需要以图形形式输出时，再通过可视化手段对经综合的地理数据按给定的比例尺进行符号化表达。从综合实现的进程实质上看，地图综合的本质就是信息变换，即根据不同的用途对空间数据详细程度的要求，对初始的对象集合进行数量、质量和关系变换，得到新的对象集合（毋河海，1995）。这一过程可以具体描述如下：根据一定的条件（目的、用途、比例尺），把数据库中初始状态（比例尺1，地图性质

1，地图用途1……）的实体集$E_{初始}$={$e_{初始}$}及其关系集$R_{初始}$={$r|r∈E_{初始}×E_{初始}$}变换为新条件下（比例尺2，地图性质2，地图用途2……）的实体集$E_{新}$={$e_{新}$}及其关系集$R_{新}$={$r|r∈E_{新}×E_{新}$}。

1.1.2 地图综合中的难点是地貌综合

（1）地貌数据急剧增长，地貌综合的要求提高

科技的进步为人类认识和理解自然提供了越来越精细的观测平台。紫外、红外、可见光、微波、合成孔径雷达、激光雷达、太赫兹、高分辨率卫星、激光扫描系统、数码相机、成像光谱仪、GPS、全站仪等各种宏观和微观传感设备或技术的使用，以及常规的野外测量、地图数字化等空间数据获取手段的更新和提高，使得地形数据的获取变得高效快捷。1999年至2004年，美国成功建立了由七颗卫星（TERRA、AQUA、QULA、ICESAT、SORCE、LANDSAT-7、AVRA）组成的"对地观测系统"（Earth Observation System，EOS），它借助多光谱扫描仪、微波辐射计、合成孔径雷达等在内的21个传感器实现了对地球进行全天候、全天时并且不受云雾干扰的观测（刘闯，2003），其获取的地表分辨率也高达15m。然而，这在给人们以（精度提高的）惊喜之余，同时也带来了问题——因为仅TERRA每日获取的遥感数据量就达TB级，并且TERRA与AQUA卫星的组合还实现了全球每天最少昼夜各2次的数据更新。在地貌数据极大丰富甚至过剩的情况下，如何有效使用它们成了难题。类似的还有美国的国家地理情报局（NGA）和国家宇航局（NASA）等合作实施的"航天飞机雷达地形测量计划"（Shuttle Radar Topography Mission，SRTM）：通过这一计划，人们仅需11天便可采集覆盖全球面积80%的高精度高程格网数据，而且其水平绝对精度可达20m，高程精度高达16m。这些数据极大地满足了人类研究地球资源和环境的潜在需求，提供了丰富优质的数据源，但同时也带来了海量数据在数据量、时效性和复杂性等方

面日益凸显的问题。

近年来，随着地理信息系统（GIS）和地图制图应用的深入，测绘、地质、地理、水利、交通、城建等科学研究领域和经济部门对各种比例尺的地貌信息的需求种类和规模与日俱增。在自动综合一直没有成果性进展的情况下，各国只得采用多种比例尺共存的方式，建立多级尺度（或多分辨率）地理数据库，通过花费巨大的工作量和存储代价来回避地图综合问题。目前，美国已建成1∶2万、1∶2.4万和1∶2.5万的大比例尺数字线画地图（DLG），中比例尺1∶10万中比例尺DLG地形图和1∶200万的小比例尺DLG地形图，并已全部投入使用。英国建立了1∶5万和1∶1万两个比例尺的数字高程数据，既可单独使用，也可与大比例尺类及小比例尺类数据联合使用。捷克建立了领土全覆盖的1∶5000、1∶1万、1∶2.5万、1∶5万、1∶10万、1∶20万的系列基本比例尺地形图，其中除1∶5000采用航空摄影测量成图法生成外，其他比例尺均采用编绘成图法逐级缩编生成。日本的国家系列比例尺地图包括1∶2500、1∶5000、1∶2.5万、1∶20万、1∶50万和1∶100万。我国的地貌数据主要以两种数据形式进行生产：DLG地形图（纸质或数字）和Grid DEM，已经基本完成了基本比例尺的数据建库工作[《国家基础地理信息系统数据库》（http://www.sbsm.gov.cn/article/zszygx/chzs/jcch/jcdlxxxt/200812/20081200044790.shtml），最后访问日期：2010.04.18]。从各国的地貌数据生产情况可知，由于地貌自动综合研究尚未足以投入实际生产应用当中，建立多尺度地貌数据花费了大量的财力和物力。根据现有的生产技术，通常采用大比例尺DEM生产下一级小比例尺DEM的方法来实现多尺度地貌数据的生产，与其说是地理信息，实质是概括程度不断增加的地图信息。而呈几何级数快速递增的海量地貌数据存储需求对这一做法的可持续性提出了严峻挑战。

（2）地貌形态复杂，地貌数据形式多样，综合困难

自从计算机技术被引入地学领域、特别是20世纪50年代米勒（Miller）提出数字地面模型（Digital Elevation Model，DEM）的概念之后，地貌数字化研究成了一个活跃的领域。地貌形态复杂多样，各种地貌表达模型相继出现，如规则格网（Grid）和不规则三角网（Triangulated Irregular Network，TIN）等图形的表达方式及其他一些数学化的表达方式（如傅立叶级数和多项式等）先后被提出且被广泛应用。

尽管如此，到目前为止还没有任何人敢声称其方式能做到最有效地表达地貌形态。就拿目前应用最为广泛的三种地貌形式（等高线、Grid、TIN）来说，等高线是最"古老"并且至今仍在工程领域广为使用的地貌表达形式，但由于其对地形塑形的空间关系难以控制，不便于土方量计算和坡度计算等地形分析，在数字环境下的应用受到诸多限制；而结构简单且易于组织管理的Grid则由于其均值性模糊了地貌形态单元的地形特征，在山谷、山峰处所给予的信息量往往不足，但在地形特征平坦的地方却又产生大量数据的冗余；TIN在目标表达的灵活性上强于Grid，但其三角网的边常与地形特征没有直接关系，这在应用上多少带来了些不便，而其不规则性还使得它的存储和应用变得更加复杂（王涛，2005）。

各种地形数据各有优点，各自适用不同的领域，相互之间也无法替代。虽然可以通过形式转换从一种地形数据得到另一种地形数据，但受现在技术水平的制约，总会引起不同程度的精度损失。大多数情况下，这些损失还无法弥补。例如，将等高线转化为TIN时，会在山谷和山脊处产生大量的"平三角"，导致地形特征失真；由Grid生成等高线时，需要充分考虑地形结构线、高程点和水系等其他特征。为满足社会的多层次需要，在缺乏成熟而又通用的整合方案的情况下，各国便通过建立多源的地理信息数据库来对这些数据进行管理。这当然会带来问题，其中最为明显的一个例子就是：对它们进行综合的技术更加复杂，实现也愈加困难。因为即

使原先所有数据都做到了相互套合,却无法保证这些数据在综合之后还能保持一致。

(3) 地貌自动综合研究刚刚起步、路尚漫漫

地貌数据与日俱增,数据形式多种多样,数据的时效性和复杂性日益膨胀。面对如此巨量的地形数据,过于详细的数据内容限制了数据处理的速度,而次要的、非本质的数据的引入,也会造成分析结果的不确定性。人们不再满足于简单的数据检索、查询,而是希望能够从纷繁复杂的数据中,随时随地地获取所需要的数据,提取主要的、本质的信息进行更高层次的分析。因此,涉及信息的认知时,综合成为了一种获取知识的工具和思维方式。

国内外众多专家学者给予了地貌综合极大的关注,提出了诸如滤波法、信息论法、数学形态学法、分形法、小波分析法等一批有价值的地貌综合研究成果(吴艳兰,2004)。然而,目前地貌自动综合的理论和算法研究还处于针对各种数据表达结构的探索阶段,"现存的所有方法都不能顾全地貌综合的各方面要求"(Weibel,1992),地貌综合结果仍不能令人满意。究其原因在于:一方面,各种不同的数据表达方式局限于各自的地貌信息模型空间,诸如山峰、山体、鞍部等地貌实体在地理数据库中难以直接表达或存储,不适用于更高层次的地形表达(Dikau,1989),导致综合过程复杂;另一方面,地貌综合需要多维空间思维,除了地貌实体本身的信息,还需要顾及邻近环境,即上下文关系,这有赖于对三维空间中地形信息的正确理解(毋河海,2000)。然而,到目前为止,对于这些问题的研究都还处于初步的探讨阶段。

1.1.3 地貌综合的难点是地貌信息的统一

地貌综合的实质是可视范围内的地貌三维空间信息在一定尺度下到主观感知的映射(Buttenfield和McMaster,1991;郭庆胜,1998;毋河海,

2000；Bicanic和Solaric，2002），由于前述的种种原因，地貌综合成为了一种最为复杂的信息变换。从本质上讲，对地表空间信息的抽象概括，不管其程度如何，都应该是基于对地理信息的化简，而不应仅拘囿图形（或图像）化简。然而，迄今为止，国内外的地貌综合研究主要还是从图形化简或脱离空间内涵的信号分频角度（实际上它也能未能摆脱图形形式的限制）展开，并针对具体DEM数据形式提出不同的综合算法。由此产生两个问题：一是人作为认知主体，对地貌形态的认知感受未受到足够重视；二是由于地貌表达形式的多样化造成方法的不统一。如果说前一个问题还过于抽象，那么对于第二个问题来说，其产生的诸多不利实际上早已见诸端倪。其中最为典型的一个例子就是：为了在DEM（现在人们通常以DEM来存储和表达地貌）生产过程中提高精度，各生产单位往往会采用混合形式的DEM数据模型，这就使得原来针对性很强的各种综合方法都难以实施。因此，为了能够进行科学、统一的地貌综合，一方面需要对DEM数据的信息本质和存储表达方式有充分的认识，另一方面需要提出新的基于地形空间信息理解的地貌综合模型。

未基于统一的地貌信息观来进行地貌综合的另一个致命问题是，无法从根本上解决多源数据的融合问题。目前，各国在构建多尺度（或多分辨率）基础地理信息数据库时，地形要素的综合均采用分要素进行的策略，这便不可避免地出现要素间的拓扑冲突和逻辑冲突，影响数据质量，因此，有时候必须采用移位和图形夸大的方法来解决这些问题（Bicanic和Solaric，2002；Weibel，1987）。为何会出现这种情况？追根究底，是因为现在人们对其他要素中所涵盖的地貌信息没有足够的认识。一切地表物体（水系、建筑、道路等）都立于地面之上，或高或低，其基底并非悬空而存在，为何要在地貌综合时忽略它们的存在？地貌综合需要空间思维的多维性——既要顾及其自身特征，也必须顾及邻近环境[上下文关系（范青松，2007）]。因此，如何实现和谐的地貌综合，是一项极具挑战性的任务。

为此，本书提出将水系要素的三维特征及其对地貌形态的塑形作用予以充分认识，并将之融入地貌综合的范畴之中。为达到这个效果，本书立足于三维地貌信息的理解，探讨在综合过程中地貌信息变化与地貌形态变化之间的关系及其技术解决方案。对于地表上其他要素与地貌的和谐综合也可依此展开。

1.2 国内外研究现状

1.2.1 地貌综合技术的发展阶段

地貌综合大体上经历了三个发展阶段，即地貌手工综合、地貌模拟综合和地貌自动综合。

第一阶段：传统地图制图阶段的地貌综合。在传统地图制图中通常采用具有可量测性的等高线组来表达地貌形态。制图员首先对地形图中的等高线进行判读，分析总体的地貌态势，然后勾绘出如谷底线、山脊线等地形特征线作为地貌骨架系统，用于指导细部等高线图形的形态化简、夸大、移位。因此，地貌的抽象和概括结果极大地依赖于制图员正确的地理学知识、丰富的制图经验和娴熟的作业技能。

第二阶段：机助制图阶段的地貌综合。20世纪50年代计算机辅助制图技术的出现，为地图制图提供了友好的模拟技术环境，制图员参照手工综合的技术路线采用绘图软件实施地貌综合，这被称为模拟综合。地貌综合的工作地点从纸质地图转移到计算机屏幕上，作业工具由小笔尖变为鼠标、绘图仪等，绘图软件提供的强大的数据组织和管理功能、编辑功能和表达输出功能，极大地提高了地貌综合的工作效率，但综合质量对制图员的主观依赖性却仍然很大，为了获得新的地形图产品，人们只关注综合前和综合后这两级状态。

第三阶段：数字制图阶段的地貌综合。数字技术的发展使得人们获取的地貌数据极大丰富，对地貌能够实时自动化地进行抽象与概括提出了新的时代要求。国内外许多学者对地貌自动综合进行研究，提出了许多新的理论和技术方法。本书中的讨论也是针对这一阶段中的问题而展开。

1.2.2 数字环境下地貌综合的新特点

一般而论，数字环境下的地貌综合具有如下四个新的特点。

（1）模型综合与可视化分离

在数字环境下，地图制图的最大特点是数据的存储与可视化分离，对于地貌综合也不例外。人们用空间数据存储地理信息（包含地理实体的位置、图形、属性及它们之间的相互关系），当进行地图图形再现时，则再根据给定的比例尺和图式符号系统对空间数据库中的地理对象进行可视化表达。由此产生了两种模型：数字景观模型（Digital Landscape Model，DLM）和数字制图模型（Digital Cartographic Model，DCM）（毋河海，2000）。DLM面向地形实体，它从图形介质的符号表示系统中分离出来，通过属性、坐标、关系来描述地理实体及其之间的关系，是地理信息在数据库中的模型化表达。当按照特殊需求和专用图式符号对DLM或其子集进行图形化表示时，得到的则是DCM。

这对于地貌综合来说是一个新的情况。因为在传统（纸质）地图中多用等高线来表示地貌——此时的地貌综合通常只需要地形概括和等高线图形化简这两步操作（后者还需要考虑相邻等高线之间的冲突问题）——整个过程（抽象、概括，有时也包括冲突处理）几乎需要同时完成。而在数字环境下，对地貌信息的概括不再需要考虑采用什么符号进行可视化，也不涉及图形表达的艺术性和美感。取而代之的是，它所关注的是在满足精度要求条件下对地貌形态特征的描述更加抽象，即如何保留主要的、本质的地形特征，舍掉次要的、非本质的微地貌形态（剥离出"模型综合"过程）。现在模型的综合在地图综各领域已经获得了广泛认可（Brassel和

Weibel，1988；Weibel，1995、1997；Dettori 和Puppo，1998；毋河海，2000）。

如果说传统的综合过程属于DLM$_1$→DCM$_2$范畴，那么数字环境下的综合则明确划分成DLM$_1$→DLM$_2$→DCM$_2$两个阶段。对于其中的模型综合过程（DLM$_1$→DLM$_2$），由于地理空间数据库中地貌信息的模型化表达多种多样，有时可采用多种方法实现地貌的DLM综合。对此，Weibel（1987）研究并提出了该过程中必须满足的几个基本要求，以期由此获得一定的约束：

- 是直接面向模型的操作；
- 尽可能的自动化，并且尽量少的交互修改；
- 可以导出多比例尺的新模型；
- 可根据地貌类型和制图目的调整综合方法；
- 可基于主要地形特征和地貌特点的认知来对综合结果进行各种视觉优化；
- 综合结果可用于地形分析。

模型综合和可视化使地貌综合的分离有利于优化地貌综合算子的选取，进行综合过程控制，以及实现细化综合结果评价。经模型综合后得到的新的DLM，即DLM$_2$，也可根据使用者的视觉需求进行地图设计，并在不同的介质材料上进行图形再现。从应用的角度来看，可以由同一数据库满足不同要求的输出产品，因此，更加灵活地增强了综合结果的适用性。

（2）空间分析与地图综合相结合

综合的目的之一便是为获取空间知识或数据挖掘提供满足精度要求的简洁的数据集合。而模型综合通过抽象概括得到低分辨率下空间对象的主体结构、分布模式、空间关系等内容，需要空间分析技术获得目标特征，并利用分析技术评价综合结果对特征概括的程度。空间分析既有从无到有导出其他形式信息内容的分析，也有从详细精确的数据进行抽象概括的宏观分析，这个抽象概括过程正是综合研究所感兴趣的。对当下而言，地理信息环境下的综合动机不再仅是为适应比例尺缩小后的图面表达，制图概括也不仅是为了地理数据表达而进行的数据和图形转换，而是一种具有GIS数据表达、数据深加工等多种功能的数据转换方法和技术手段（齐清文和刘岳，1998）。

相对于其他地理要素，地貌综合产生的信息变换最为复杂。数字环境下，虽然普遍采用DEM来对高低起伏的地表形态进行建模，但是在空间数据库中存储的并不是地貌形态的实体，如谷底、山体等，而是通过离散手段——等高线、Grid、TIN等图形表达方式或抽象的傅立叶级数、多项式函数等数学表达方式来表示地貌形态（毋河海，1995）。在传统的地貌综合中，作业员根据制图经验，从等高线群中识别地貌实体是一件非常容易的事；但是在计算机的软硬件环境下，单根等高线本身整体与局部的嵌套关系、成组等高线之间的套合关系、隐含的山脊线与山谷线的主结构关系的自动识别和组织，是相当复杂的过程，涉及分形几何、计算机视觉、信息论、人工智能等方面的知识——于是这个领域也吸引了一大批计算机、数学、地质学等不同背景专家加入。

地貌综合需要整体识别区域的地貌结构特征，从宏观上确定空间分布的格局和层次，构建地形特征框架，建立综合结果的定量评价标准。而目前解决这些问题的理论通常以抽象的原则和概念性的描述来定性地表达，远未实现计算机自动综合所需要的计量化和模型化，这对地貌自动综合研究课题提出了挑战。所有的一切都表明：地貌综合需要空间分析研究的进一步深入。

（3）多时相、多语义、多分辨率数据的集成

Internet技术为全球性空间信息共享提供了有利条件，数字环境下的地形数据采集源和采集手段也更加多种多样。不同时期、不同主题的地貌数据交错在一起，使得数据的规模空前壮观。空间数据存储手段使得人们

有机会摆脱图纸的束缚，比例尺的意义也不再同前（传统的地形图数字化依赖于特定比例尺）。由于空间数据库中存储的地貌信息不考虑图形的输出，地貌综合必须顾及海量地貌信息的集成，对不同类型的数据做均一化处理，因为只有这样才能让Goodchild所定义的大于或等于1：10^{4}比例尺倍率的"数字地球"（艾廷华，2000）成为可能。

人们希望能够根据不同的应用而随时"按需取用"详略程度不同的地貌数据，因为人的认知尺度有限，只能关注一定空间范围内的地理现象，并且在获取空间知识的过程中也常常需要事先对多种地理空间对象作一些综合处理。这就对综合后地貌数据的一致性和完备性提出要求。例如，研究区域与相邻区域边界处的拓扑一致性、逻辑一致性，以及研究区域内部、地貌要素与其他地理要素之间的逻辑一致性，等等。

目前这方面的研究还比较少，因此提出这个问题对地貌综合研究而言无疑是一个巨大的挑战。

（4）"推式综合"与"拉式综合"相结合

地貌数据作为一种特殊的空间数据内容，在国家空间数据基础设施中具有重要作用。为了满足对大比例尺基础数据集的各种要求，地貌数据的生产通常以很高的精度和分辨率大规模实施，然而许多应用也需要使用较小比例尺并且可以允许一定精度误差的地貌数据以降低成本，这就产生了一个分布广泛的需求空间。

传统上综合的程度和质量是由作业员控制——也就是通常所说的"推式综合"。在固定需求的情况下，"推式综合"由于人员的可控性而可以满足需求。但是在像谷歌地球（Google Earth）这样基于不定用户群体的共享环境下，地貌数据的巨复性决定了地貌综合的实施和单一化结果很难满足所有需求。为满足不同用户提出的在同一数据库下浏览不同表达尺度的信息内容的要求，我们需要用户提供自行决定显示内容的选取指标、综合方法的综合策略。因此，"根据综合结果的阅读者或使用者的实际需要实时生成综合结果"这一DLM信息变化观衍生出"拉式综合"的概念。"拉式综合"将综合的主动权交给了综合结果的使用者，因而能够使用户获得真正的地貌信息服务。

"拉式综合"尽管具有诸多好处，但是"推式综合"仍不可替代。事实上，"拉式综合"对综合算法的实时响应有较高的要求，所有的"拉式综合"都需要以一定的"推式综合"所产生的数据作为背景。因此，以"推式综合"作为生产的手段，而以"拉式综合"作为应用的技术，根据不同需要分别对地貌信息进行综合，通常被认为是为不同领域的研究提供信息服务的最有效途径。

关于"拉式"和"推式"的分类概念，实际上还有其他的表述方式。例如，Van Oosterom（1989）在他的"Reactive Data Structure"研究基础之上提出"On-the-fly"的概念，后来艾廷华（2000）以中文将之表述为"在线式综合"，而与"离线式综合"相对应，并给予了必要阐述。但是由于"离线/在线"似乎有暗含网络应用的专指性，本书最终选择采用现在的这组（中文）定义方式。

1.2.3　现代地貌综合的几个观点

（1）地貌综合的层次结构化观点

在地图制图领域中，通过对地理信息的全局性评价，判断地理目标的相对重要性，建立地理要素的层次结构，从而实现对顾及地理要素分布特点和规律的综合，这被称为结构化综合（毋河海，1996）。地貌的结构化综合在地貌综合领域获得广泛的认可，对地貌综合研究产生了深远的影响（Weibel和Heller，1991；毋河海，1996）。根据综合实施途径的不同，地貌的结构化综合可进一步归纳为三类，即显式结构化综合、基于高程带的结构化综合和隐式结构化综合（毋河海，1996）。如果做结构化综合从空间认知意义上分析地貌的地理特征，应对地表形态空间现象的拓扑结构、分布模式、空间相关性等内容分析考察（Cronin，1995）。吴艳兰（2004）采用地图代数模型对地形结构线进行宏结构化，为地貌三维综合提供了新的思路。也有学者注意到客观地理空间中的地貌与水系要素之间的紧密联系，提出利用汇水系统建立结构化综合模型（Ai和Li，2010）。总结目前的研究成果，可将地貌的结构化综合方法的主要步骤归纳如下（毋河海，2000）：

- 地貌信息模型的正确建立；
- 地形结构线的正确生成；
- 结构线树的构建；
- 地形结构线与地貌信息模型的关联；
- 地形结构线的化简；
- 根据化简的地形结构线综合得出地貌信息模型。

（2）地貌综合的渐进式表达

地理信息的表达具有层次规律和视觉感受规律（郭庆胜、黄远林等，2007）。从符号化表达角度可将空间目标的抽象程度看作是一个连续变化的"变量"。化简、移位等综合的基本操作可通过连续的方式来实现（Ware和Jones，1998）。基于此思想，Li和Openshaw（1992）以及Li和Sui（2000）分别提出了基于最小可视元（Smallest Visible Object，SVO）的概念，根据地图综合的视觉分辨规律设置SVO的大小，对等高线进行形态化简的方法。郭庆胜（2000）摆脱比例尺系列的概念而提出实用的地貌表达渐进式约简策略，把地形化简理解为逐渐变化的过程。这种连续分辨率表达空间信息的思想，认为随着地图空间比例尺的逐渐缩小，约束条件和空间知识对细节减少的控制是一个渐变过程。在地貌的多尺度三维表达领域，人们常通过构建受限不规则三角网（Triangulated Irregular Network，TIN）来建立地表形态特征点之间的空间拓扑关联，然后采用细节层次技术（Level of Detail，LoD）以细节累积的方式来逐步逼近不同分辨率下的地貌抽象形态（DeFloriani和Puppo，1992；Puppo和Dettori，1995；郭庆胜，2000；Fimalnd和Skogan，2000； Stoter、Penninga等，2004；Yang、Shi等，2005）。

（3）地貌综合的信息分频观

综合的"信息变化观"认为，地貌综合可在空间和频谱两个域中进行（毋河海，2000；艾廷华，2000）。其中，面向空间域的地貌综合是基于空间现象的拓扑、语义和几何特征的地貌形态信息化简策略；面向频谱域的地貌综合则是在频谱域中对地貌信息进行分析，将地貌的多尺度模拟和表达用两个多尺度序列空间信息［整体（近似）信息和局部（细节）信息］来表示。其代表性的研究成果为《基于小波分析的地貌综合》（万刚，1999；吴凡，2001；Bjørke和Stein，2003；吴纪桃，2003；刘春，2004）。吴凡（2001）提出地貌小波多分辨率分析系统（MRAS），即将地貌的DEM多尺度表达用一个四元组来形式化表示：Multi Geomorph=$\{\phi(x),\varphi(x),(V_i)j\in Z,(W_j)j\in Z\}$。其中$\phi$和$\varphi$分别为相应的尺度函数和小波函数，代表相应的滤波器组，V_i为原始DEM机器多个尺度的近似，W_j为相应尺度的细节信息。由于在地貌的多比例尺表达中，信息量随比例尺的变化并不是纯粹地按比例减小，还需要通过叠加部分信息取近似的办法来对丢失的信息予以"补偿"（吴纪桃，2003）。

上述地貌综合思想从不同角度提出了地貌信息抽象与概括中要考虑的因素，但是它们在实际应用中并不孤立互斥。因为地貌综合的本质是去粗取精——保留本质的、主要的地貌特征，舍去非本质的、次要的地貌特征的信息变化过程。该过程可归结于空间尺度、地貌形态特征和综合目的三个因子共同作用的结果（Weibel，1987）。因此，需要根据特定的需求、目的，选择合适的地貌综合理论方法。

1.2.4 相关算法的研究状况

地貌综合方法通常与地貌的具体表达方式密切相关。在传统地图制图中，地表的三维立体形态大多采用等高线来模拟，对地貌的概括通过对等高线图形的选取、弯曲合并、局部夸大和移位来实现。自从计算机技术被引入地学领域后，地貌信息的存储、管理、分析和数字化表达成了重要而活跃的研究领域。数字环境下的地貌信息采用DEM模型来表达，数据存储形式多种多样，使得地貌综合方法呈现出多样化特点。根据地貌数据表达形式的不同，国内外学者提出了不少地貌自动综合算法。总体而言，这些方法基本上是围绕着三种DEM模型（等高线模型、TIN模型和Grid模型）而展开或改进。

（1）基于等高线的地貌自动综合

等高线的自动综合主要建立在曲线综合基础之上，它通过保留曲线上的几何特征点或删除不符合条件的次要点，达到去除等高线的微小弯曲和概括等高线形状的目的（Douglas和Peucker，1973；Longley和Batty，1989；Li和Openshaw，1992）。1973年，Douglas和Peucker在《The Canadian Cartographer》上发表的那篇关于曲线节点数压缩方法的著名文章在计算机制图综合领域产生了深远的影响，其方法因此被命名为"Douglas-Peucker算法"，简写成"D-P算法"。随后，许多学者对它进行了改进。例如：Buttenfield（1989）采用聚类分析的方法对曲线进行拆分，实现了多阈值综合；Chrobak（2000）将几何变换与D-P算法相结合，根据线的细节程度首先对曲线上的节点进行加密，使得曲线上节点沿曲线分布密度均匀，从而使综合后的曲线能够更好地吻合原始线画的形状。刘晓红等（2006）根据曲率变化最大的特征点将曲线进行片段切分，有效避免压缩程度不够和丢失曲率变化特征点的情况。张传明等（2007）引入基于约束Delaunay三角剖分和自适应单调的等高线拆分算法，保证了D-P算法对化简后等高线的拓扑一致性。

此外，地理学、几何形态学、信息传输、空间认知、计算机视觉、数据库技术等多个学科领域的发展也为基于等高线的地貌综合丰富了研究手段。例如：Longley和Batty（1989）通过计算曲线的分形维的方式将分形几何应用于曲线综合中；王桥（1995b）论述了制图曲线的自相似性具有尺度变化规律，并提出一种基于分形学量化等高线形状结构特征的复杂等高线自动综合方法；Li和Openshaw（1992）提出的最小可视元（SVO）也是基于线要素的综合方法；后来Li和Sui（2000）在此基础上作了改进，解决了其中的"瓶颈"——等高线和等高线内插两个问题；武芳和邓红艳（2003）引入以自然选择和遗传理论为基础的遗传算法，提出了基于线要素的化简模型；Lawford（2006）通过傅立叶变换来对曲线的形状进行约简；吴纪桃（2002）和吴凡（2001）分别应用小波理论将曲线形态信息分解为低频（主要特征形态）和高频（微小弯曲）两部分，再根据不同细节层次的表达需要组合低频部分和高频部分信息逼近曲线。王玉海等（2003）提出采用B样条小波的等高线简化方法，能有效保留原等高线的形状结构特征。

等高线以成组的方式来描述地貌，因此对等高线的形态进行化简时应该考虑周围等高线的形状和弯曲分布。对此，费立凡（1993）通过自动识别正负向地貌特征点跟踪谷底线，并对谷底线的重要性进行评价，指导实施等高线弯曲的取舍；毋河海（1995）在综合过程中采用等高线树来建立等高线的结构化模型，用于查明等高线之间的各种关系；陈晓勇（1990）将数学形态学的方法应用于等高线骨架的提取，并通过生成的谷脊线自动推算综合后等高线的高程。此外，其他的方法还有曲率判别法（郭庆胜，1998）、约束TIN法（艾廷华，2007）、漫水法（吴艳兰，2004）等。

相邻等高线通常具有不同程度的相似性（Muller和Wang，1992）。为了保证综合后的等高线严格继承综合前等高线的成组套合关系，Cronin（1995）提出通过上下两条相邻等高线构成的高程带来拟合中间等高线。

王涛和毋河海（2004）利用三角网在欧氏空间中进行几何剖分的灵活性，提出基于扩展约束型Delaunay三角网（CDT）的相邻等高线拓扑关系构建方法。此外，一些相似的算法还有骨架线法、三角网生长法、FDDM建模法（Formal Delaunay Data Model）、地图代数内插法，等等（吴艳兰，2004），这些方法为得到相邻等高线之间的中间等高线提供了相应技术手段。

等高线自动综合通常关注曲线的凹凸性，因此具有保持曲线形状、减小线形位移量的优势。但是由于等高线通过等值线上的连续性和等值线间的突变对地表"塑形"，我们即使在其中加入地形结构辅助线，其综合实质仍是在投影到二维平面空间的信息综合，而并非真正意义的三维综合。因此，对综合后等高线间的拓扑冲突进行进一步处理也常常成为研究的重点（范青松，2007）。

（2）基于Grid的地貌综合

基于Grid的地貌综合的核心思想是将规则格网看作是数字灰度图像，并使位于每一个栅格的灰度值与位于该处或内插于该处的地貌点高程值对应，通过对灰度值的平滑、增强和数据压缩实现综合（Weibel，1989）。基于此，一系列的工作得以展开。例如：王宏武和董士海（2000）提出了基于多分辨率地形模型的视点相关模型；尤克非等（2002）则采用四叉树结构进行地形的LoD简化；而汤国安等（2001）的研究表明通过滤波处理可以改善DEM的地形描述精度，等等。

Grid形式的地貌数据也可看作是一个M行N列的二维高程信号场，地形的明显特征对应于Grid单元像素的低频信息，地形微特征则对应于高频信息（吴凡和祝国瑞，2001）。因此，也有学者根据小波理论的信息分解特性将小波变换应用于Grid地貌综合。例如：吴凡和祝国瑞（2001）利用正交小波变换的Mallat分解和重构算子对Grid DEM分解，并提出了基于小波系数范数的综合程度量化指标；为了获得更为连续的数据简化，万刚（1999）采用M进制小波成功实施了化简；而Daubichies和Sweldens则进一步证明，任何离散小波变换都可通过有限的提升步骤来完成（范青松，2007）；杨族桥（2003）通过对比分析试验表明基于小波提升方法的DEM多尺度表达与二进制小波变换具有相似的效果，但算法复杂度低于后者；此外，李霖和吴凡（2001）通过实验发现，小波变换不仅能方便地从大比例尺中得到小比例尺的DEM，而且可以逆向从小比例尺得到大比例尺的DEM。这些研究为多尺度DEM数据的生产提供了新的途径。

由于Grid DEM自身数据结构的限制，地貌的细节总是被抑制于网格中。但理论上，地貌形态复杂多变，若只是简单地重采样，对地貌信息的压缩实际上只是一种噪声过滤或平滑处理，缺乏地理学依据，不是真正意义的地图综合（毋河海，2000；吴艳兰，2004）。因此，在综合过程中必须加入更多的特征信息（李志林和朱庆，2000）。事实上，目前大多数基于Grid模型的综合方法都在不同程度上加入了地形特征点或特征线来增强局部栅格与全局地貌的协调关系（Kienzle，2004；杨族桥、郭庆胜等，2005），例如，Zakšek和Podobnikar（2005）通过识别山脊线、山谷线、山顶点、洼地等重要的地貌特征点提取地形骨架线，然后对邻近区域内插生成新的Grid。因为有了这一过程，基于Grid的地貌综合研究又可分别从三个方面着手进行，即基于影像处理的特征提取、基于地形形态的几何分析和基于地表水流运动的物理模拟。事实上，到目前为止这些方面的综合效果并不十分令人满意（范青松，2007）。

（3）基于TIN的地貌综合

地表上离散分布的高程点在位置上相互独立，可以通过构造不规则三角网（TIN）来灵活地表达具有复杂结构的地貌形态。因此，基于TIN的地貌综合就是通过对三角网的化简来实现对地貌的概括。对此，Schoeder等（1992）提出在以当前处理点为顶点的三角网集合范围内拟合一张平面，通过计算该点到拟合平面的距离决定该点的取舍，类似方法还有以包含采样点的所有三角形的空间平面法向量之和作为采样点的选取标准（刘春、史文中等，2003）。Garland和Heckbert（1997）提出著名的二次误差边折叠边TIN简化算法——其实也有一些相似算法——或许还有一定的优化，例如Isler等（1996）以及周昆等（1999）采用原三角形的某个顶点，通过反复折叠格网边的操作有效地生成新的简化地形。张必强等（2004）及李基拓和陆国栋（2006）等学者认为这种算法忽略了简化边的长度及三角形个体的长度，通过建立特征边折叠的基本规则，引入折叠边控制因子，从而优化格网形状并保证了地形曲面的特征。

地貌综合并不单纯是数据压缩和重构，还需要综合考虑空间尺度、地貌形态特征和综合目的（Weibel，1991）。有时人们甚至也要考虑视觉感受的规律（Li和Openshaw，1992）。这方面研究也有很多，例如：Rossignal和Borrel（1993）根据将临近的TIN顶点进行聚类从而实现TIN的化简；Hammann（1994）以三个顶点曲率的平均值作为三角形的权值并略去权值最低的三角形单元来实现区域的概括；Kalvin和Taylor（1996）通过共面测试，将TIN中共面或近似共面的三角面片合并为更大的多边形（超平面法）并（Gieng等，1997）加入三角形权重值（面片面积×面片曲率）来进行改进，等等。

也有学者意识到，TIN模型的构建是一个从简单到复杂的多层次关系建立的过程。基于这种思想，李捷（1998）提出了通过边删除、表面拉平和折线拉直三种局部变换算子对表面构建连续的多分辨率表示；Yang等（2005）通过建立约束三角网构建地貌的细节层次多尺度表达。此外，还有不少学者着重研究了如何提取三角网表达模型中隐含的地形结构线，这类研究产生的路线主要有两种：一种是考虑局部形态的区域扩展法；另一种是基于最陡坡向的流径追踪法。

基于TIN模型的地貌综合算法利用了TIN结构的空间相关特点，从而可以同时实现地貌形态的概括和特征的保留。但是这种方法也有弊端，例如在综合过程中，当前处理的高程点只考虑其与局部区域内的关系，缺乏整体性的观点。虽然人们也引入结构化综合的思想，从而实现了细节层次多尺度表达，但是由于每去掉一个次要高程采样点，均需要对应的局部区域重新构网，算法复杂度高，并且需要耗费大量的计算机资源，不利于海量数据的组织。

1.3 本书的研究内容和写作安排

1.3.1 研究内容

鉴于对地貌综合现有成果的分析，本书结合地形特征信息抽象与概括模式的研究，扩展DEM的内涵；研究基于广义DEM的三维地貌综合模型及相关实现技术；通过分析地形要素与水系地理要素之间的相互关系，实现地貌要素与水系要素的协调综合，从而为地貌综合的发展提供新的思路和理论依据。

本书的研究内容包括以下几个部分。

（1）广义DEM概念的扩展

研究地貌信息的特点和建模方式，总结现有DEM的数据组织形式，探讨DEM各种数据表达模型的结构特点和地貌信息传递方式，实现DEM数据模型对地貌信息理解的归一化，为地貌三维综合的算法研究建立理论基础。

（2）基于广义DEM的地貌综合模型的建立

地貌形态具有三维连续特性，对地表形态的抽象和概括应该建立在对其地理特征的理解之上。从地貌信息表达形式的一般性出发，结合地貌三维综合的约束条件，构建地貌三维综合概念框架。

（3）基于3DDP的地貌三维综合算法的研究

地貌综合的关键在于地貌特征点的识别和选取。探讨3DDP算法（见第四章）对三维对象的空间形态识别机制，建立基于3DDP的地貌综合算子体系，通过模拟数据和真实数据的地貌综合实验，为地貌三维综合的实现提供技术支持。

（4）地貌要素与水系要素的协调综合

地貌与其他地理要素的空间关系，尤其是与水系的空间逻辑冲突是目前DEM综合关注较多的问题。本书探究地貌与水系之间的分布结构和语义层次特点，将水系要素三维空间形态信息的描述模型纳入广义DEM的范畴，研究将水系与地貌整体作为集合对象进行一体化综合的方法，探讨对地形要素的信息和谐综合的可行性。

1.3.2 写作安排

首先，介绍根据国内外研究现状分析，介绍地貌、DEM、广义DEM三者之间的关系，并由一般地貌的理解演绎出广义DEM的概念、形态与意义的描述，其中关于广义DEM的概念与范畴的定义构成本书的重要理论基础和技术依据。接着，以广义DEM的视角，分别从地貌形态、地貌信息、综合过程三个角度全新诠释了地貌三维综合的基本思想，并依此提出综合过程的约束问题，在这两个探讨的基础上所提出的地貌综合框架为后续研究奠定方法论基础。然后，提出地貌特征点提取的3DDP算法的基本原理及其在排序（基于空间邻近性的）、特征识别（基于视觉辨析的）、分块加速三个方面的算法实现方案，为基于广义DEM的地貌三维综合模型提供算法支持，为地貌与水系一体化综合实现（见第五章）建立基础。最后，从广义地形的角度，将水系的地形描述纳入地貌的地形描述内涵中，进行地貌与水系要素一体化制图综合的研究，内容包括地貌与水系特征点的一体化提取和综合结果的图形再现，并通过中山地区地貌与树状水系数据进行实例分析。

第二章 地貌、DEM与广义DEM

地貌是地图制图综合中的重要内容，而数字高程模型（Digital Elevation Model，DEM）是关于地貌的信息模型，是诠释所有这些地貌特征的必要途径。从本质讲，各种不同形式的DEM都是对地貌信息的理解和表达。广义DEM应是对DEM的一种特殊理解，它通过对地貌信息理解的归一化而在各种DEM形式之间获得最大的共通。

2.1 关于地貌的一般特征论述

2.1.1 地貌与地貌形态

根据维基百科的解释，地貌是指地球表面（或其他星球表面）高低起伏的形态。地貌常常也被叫作"地形"，或被通称为"地貌地形"。在地理学中，地貌的确切含意如下（张根寿，2005）：①在一定区域范围内，由成因和组成物质上彼此相互联系的地球表面起伏单元有机组合而成的空间实体；②其形成是由包括地壳运动、火山活动、地震等内动力和气候、水文、生物等外动力对地表（或地壳）共同作用的结果；③高原、山地、丘陵、平原、盆地、洼地、溶洞、沙岛、洪积扇等千姿百态的地貌景观便是地貌营力、物质与时间对立统一的产物。从这里我们也可以看出，通常意义上的地理学地貌即指"地球地貌"，或更确切地讲是"地球陆地地形"。本书所使用的"地貌"概念释义也将严格限定在此范畴内。

显然，地表的一切形态，包括山脉、河谷、塬、梁、峁等，都是三维连续的地理实体。因此，通常可以采用高度、坡度、坡向、切割密度、平面形态、横剖面形态、纵剖面形态等指标来描述地貌的基本形态（张根寿，2005）。在地形图中，常用以表示地貌的等高线便是通过利用地表沿高程等值面边沿的连续性来模拟地貌三维信息的连续性。事实上，基础地理信息中的植被、水系、道路、居民地等其他要素，均是以地貌要素作为自然基础和支撑，它们在空间上的三维连续特性即是建立在地貌的三维连续特性基础之上的。

2.1.2 地貌形态的多样性

地貌营力及其发育过程的复杂性使得地貌类型纷繁复杂，研究区域范围的不同更加剧了这种趋势（莱伊尔，2008）。因此，按照地貌的形成过程和动力因素，一般可将地貌分为以内动力为主形成的地貌和以外动力为主形成的地貌。而在《1∶100万中国地貌图》中，编制者以成因的动力条件更进一步将我国陆地部分分为构造地貌、火山地貌、流水地貌、湖成地貌、海成地貌、岩溶地貌、干燥剥蚀地貌、风成地貌、黄土地貌、冰川地貌、冰缘地貌、重力地貌、生物地貌和人工地貌十四种类型（沈玉昌和苏时雨，1980）。

除了按照地质学形成机理的归类外，也存在着其他的地貌识别方式。而其中最典型的就是按照地貌物理形态进行的分类，例如以海拔、相对高度作为分类参考，陆地地貌又可分为山地、丘陵、高原、平原和盆地等。如果只是为了局部性的研究，为简化起见一般还可按照邻近地貌形体的相对高低关系进行地貌形态的区分，并据此作进一步的模式辨识：相对于某一近似水平面或周围邻近的另一地貌形态而言，若呈现为凸（高）起的可称为正向地貌，反之[呈现相对凹（低）下状态的地貌单元]则称为负向地貌。实际上"高"与"低"只是相对的概念，在山丘顶部也可能存在负向地貌（如火山口），在低洼谷地也可能存在正向地貌（如盆地底部的小山丘）。因此，根据地貌单元的这种可辨识形态及其在空间上的分布差异，地貌又可分为星体地貌、巨地貌、大地貌、中地貌、小地貌和微地貌（张根寿，2005）。

为了增强地貌形态信息的易读性，地理学领域的专家学者还常常通过对地貌数据的派生处理得到地性线，由此便获得另外一种地貌形态的"代表"。由于地性线本身就具备了树状结构，在较大的地理区域，由地性线（山谷线、山脊线等）所表达的地貌往往可呈现出较为明显的结构特征和层次特征，这从另一个侧面反映出地貌的某种形态。然后，人们通过评价地性线的空间关系，可进一步揭示出地貌信息的分布区域和空间分布特征。

然而，从沟壑地貌的研究中，也常常可以发现存在一定程度的嵌套结构的自相似性，因此Sayles和Thomas（1978）、Clarke（1988）、吴艳兰（2004）、Klinkenberg（1992）、Klinkenberg和Goodchild（1992）、宋佳等（2006）都尝试了从分形的特征来研究地貌形态。然而，就如同任何一种现有的规律一样——每当它们进入到某一具体领域时，相似的性状便往往从主干走向枝丫（薛定谔，2007）。一系列的研究都表明：地貌的自相似性具有明显的尺度依赖性，并且会伴随着发生尺度衰减现象（王桥和吴纪桃，1995；毋河海，2001；李雯静，2005）。

2.1.3　地貌形态的邻近关联特性

虽然地貌具有复杂多样的地表形态，但仍不失其规整表达的可能性。这完全得益于以下事实：地表是一个严密有序的三维系统——高即是高，低即是低。例如，山峰点一定会出现在地貌局部区域的至高点。因此，只要能够忠实于现实地理空间的高程逻辑，即"高处仍高，低处仍低"，便可以一定的方式（例如以地貌区域的高程点集合，本书将以此作为主要研究内容）来描述和还原地貌的形态（胡鹏，2007）。又如，地貌区域中的邻近高程点往往会呈现出明显的高程值"聚集"倾向——Griffth将这种空间现象称为正空间自相关现象（Griffth，2003）。显然，地貌的这种空间邻近关联特点也符合Tobler所提出的地理学第一定律（TFL）：相近的事物产生的影响总是大于远离的事物产生的影响（Miller，2004）。

有了这种地貌形态信息的空间邻近关联特性，便可进行任何地球表面的内插或者地形分析的理论研究，并且其中"邻近"的概念通常都可以距离作为空间关系描述的手段来进行定量化。但是在不同的度量空间里，"距离"往往具有不同的含义。对此Tobler在其研究中列出了棋盘距离、欧氏距离、大地线距离等14种定义，并指出：根据具体问题具体分析，其定义还可以继续扩充（Tobler，2004）。因此，研究地貌形态信息，必须根据具体研究的地貌对象，采用统一度量空间的"邻近度"（而不是任意的"邻近度"）来描述空间远近，进而正确辨识地貌形态。

2.1.4 地貌形态表达的不确定性

地貌形态信息的空间邻近关联为地貌的识别、表达提供了可能，但由于地貌的多成因性和多轮回性的特点，以及产生地貌类型划分的依据、参数和认识理念的多重性，到目前为止，关于地貌的分类还没有产生统一的公认方案（张根寿，2005）。因为根据地貌的组成物质、构造营力、分布规模和空间格局等来对地貌进行划分，往往可以得到不同的分类结果。举例来说，对于喀斯特（Karst）地貌的分类便存在着这样一种争论。有学者认为：如果按照地貌营力划分，喀斯特地貌是由于水的侵蚀溶蚀作用形成的——因此，它应属于外动力地貌类型；另外一种看法认为喀斯特地貌的形成是因岩石的可溶性起主导作用的结果，因此，将喀斯特地貌归于岩石地貌。

此外，由于地貌形体的空间规模差异是客观存在的，而空间分布范围本身就具有不确定性，也很难精确得到某一地貌单元（例如喀斯特地貌或其他地貌）的边界。并且，地势的高低也是个相对的概念，地貌的正负异向的描述具有模糊性。

就上述两种不确定性而言：对于前者，因其属于学科观点上的分歧，通常无法用技术的方式进行解决，因此，不在本书的讨论范畴之内；而对于后者的辨识，则具备技术上的可行性。例如：Graff（1993）将区域生长的思想贯穿于坡度计算以及区域局部形态特征点的寻找过程中，以此实现了对山体实体信息的提取；Cronln（2000）则通过构建等高线树和对等高线进行聚类分析的手段实现了对山体、盆地和谷地的识别。对于地势，则可以将地形的基本特征看作是地表的水平剖面曲率和竖直剖面曲率呈现不同的组合状态而获得解决（Dikau，1989）。

地貌形态信息的不确定性的第三个重要来源则是地貌描述手段的不连续性。首先，由于数据采集和处理不可避免地含有误差，地理空间事物的特征描述未必与真实特征一致。其次，地貌实体是连续的，而目前通常采用等高线组、Grid DEM和TIN模型来表示，对地貌形态的解释欠充分。就目前应用最为广泛的等高线来说，它的诸多好处不言而喻——在大比例尺地形图上，等高线具有可量测的特点，因此，等高线可以看作是精确的数学线；在中比例尺地形图上，等高线用于刻画地貌单元形态整体，因此，可看作是地貌形态的造型线；在小比例尺地图上，等高线表示的是大型地貌单元的轮廓或结构，实质上就是地貌轮廓线或构造线（毋河海，1996）。虽然等高线在刻画连续地表形态的过程中沿几何线方向是连续的，但是它在垂直方向却是离散的。当等高距较大时，这种不连续性将会显得格外突出；并且，等高线上的高程点与真实采样点之间的差异会随着比例尺的减小而逐渐增大——而这种不精确无疑将会导致不确定性的大幅度增加（毋河海，2006）。对于Grid DEM和TIN来说问题也是如此。

从地貌形态（描述）不确定产生的三个根源来看，与前面两种不确定仅来自于人的认知差异不同，第三种不确定性主要是由于技术上的不成熟而产生。因此，就降低不确定因素干扰的可能性来说，从解决第三个问题着手似乎更有必要，且效率更高。因此，许多学者对地形描述的不确定性进行了大量研究。对此，目前已形成的较为普遍的观点，即地貌区域的高程精度与地形因子之间存在强相关（Skidomore，1989；Ackermann，1996；Florinsky，1998；陈楠、汤国安等，2003；陈楠、林宗坚等，2004；刘学军、龚健雅等，2004）。

2.2 地貌形态的DEM建模

2.2.1 关于地貌信息的表达

在地理信息学科中，地理信息被定义为"与地球上位置直接或间接相关的现象的信息"（王红、苏山舞等，2009）。从这一定义看，对于"地貌信息"，还可以存在不同的理解方式。如果仅从狭义的物理定义来理解，地貌就是"地球表面高低起伏的形态"，地貌信息无疑只是地理信息中一个具体而特定的部分。然而，如果我们从信息的角度来看，将地球表面与任意其他落于空间之上的信息进行组合，将能够人为创造出一种独特的"地貌"景象——虽然这个"地貌"有时并不能被看到，但是在研究意义上却完全能够如同我们平常目所能及的物理地貌一样进行空间分析和计算[就如同天体物理学家们发掘出宇宙的第十一维度一样（史蒂芬·霍金，2008）]。因此，广义的"地貌信息"看似又覆盖了地理信息的全部内涵——从这个意义来讲，我们理所当然还可以从中得出另一层隐藏的含义：理解意义上的"地貌"与物理意义上的地貌有时并不那么一致。试想一下：虽然在一般的制图综合中人们已习惯于将二维的水系看作是一种独立要素，但是如果考虑其三维特征，那么在水系高程信息中也就自然隐含着某种内建的"地貌"形态。因此，关于地表高程（物理地貌）和水系（理解地貌）的一体化综合研究将会是一件非常有意义的工作。

为便于理解和展开论述，我们可以从广义的"地貌信息"展开讨论（其一般内涵自然也可以推广至狭义上地貌信息的多样性处理）。为区分起见，在这里我们将广义地貌信息定义为"地表信息"，而将狭义地貌信息仍定义为"地貌信息"。于是，根据李志林和朱庆（2003）给出的定义，地表信息构成为各种实体在三维空间中地面空间特性描述的总和。一般来说，我们可大致将它理解为由以下四种信息组成：①地貌因子信息（包括x/y坐标、高程、坡度、坡向、坡面曲率等地表起伏情况的描述信息）；②自然环境信息（如地质、温度、土壤、植被等）；③地物信息（如水系、居民地等）；④社会经济信息（如人口、经济产值等）。

对此，我们还可采用集合的观点，将地表信息进一步形式化表述为

$$G=\{\{I_z\},\{I_m\},\{I_p\},\{I_g\},\ldots\} \tag{2-1}$$

其中，G 为研究区域地表所有信息的整体；$\{I\}$ 表示研究区域地表的某种信息，$\{I_z\}$、$\{I_m\}$、$\{I_p\}$、$\{I_g\}$、…，其分布表示高程信息、物质组成信息、权属信息、坡度信息等，进一步以研究区域的地理空间坐标[用 (x, y) 表示]来解释，可以有如下形式

$$\begin{cases} I_z = \{\text{Elevation}(x, y) \mid x \in X, y \in Y\} \\ I_m = \{\text{Matter}(x, y) \mid x \in X, y \in Y\} \\ I_p = \{\text{Property}(x, y) \mid x \in X, y \in Y\} \\ I_g = \{\text{Gradient}(x, y) \mid x \in X, y \in Y\} \\ \cdots \end{cases} \tag{2-2}$$

不同的领域对地表信息表达的要求常常各有侧重。测绘学从测绘的角度研究地表，因此，一般只是将地形信息（特别是高程信息）作为其主要内容。在这种情况下（只考虑高程信息的情况下），地表信息表达形式就可以只用一个集合式表示

$$G = \{I_z\} = \{\text{Elevation}(x, y) \mid x \in X, y \in Y\} \tag{2-3}$$

而对于其他非测绘的应用，就需要将非地形的特性信息和特定的三维地理坐标值相结合。例如，在研究地表权属信息时，地表信息的形式可以

写成

$$G = \{I_P\} = \{\text{Proprety}(x,y) \mid x \in X, y \in Y\} \qquad (2\text{-}4)$$

总而言之，从数学集合的角度来叙述，地表信息模型即是在二维地理空间上的一维或多维地面特性的向量空间，其实质是二维地理空间定位和特性描述。对于地貌信息的阐释也是如此。

2.2.2 地形建模及其发展

对地表形态信息的抽象表述揭示了这样一个事实：地貌信息（地表信息的另一面）同时具有应用层面上的普适性和复杂性。因此，如何恰当地对它进行辨识和描述，成为数千年来萦绕人们头脑之中的科学问题之一。与此同时，这个科学问题又具有非常重要的实际意义——试想一下，如果没有能够获得足够有效的地貌信息，迦太基的汉尼拔又如何得以顺利翻越险峻的阿尔卑斯山脉，并由此几乎永久改变了世界上的政治格局。

对于两千多年前汉尼拔所得到的阿尔卑斯山地貌概念最终在他头脑中构成怎样一种图景，现已无从知晓。但是根据记载，即使在非常早期人类就已有根据地貌形态的三维特性来模拟地表立体形态的做法（汉森，2009）。然后出现了地貌地图——在各种二维介质平面上抽象出三维的地表。这表面上表现为地图符号的演变[山脉的表示符号就从最初的圆锥形糖块状演变成用曲线来描述山丘或山丘群，然后是一个示意西北方向的晕线系统，再到没有晕线的阴影效果，最后又变成涟漪一样的等高线（汉森，2009）]，实质上反映的却是隐藏在背后的、人们对于地貌的理解方式的变化以及由此对地貌进行模拟的各种努力。按照现代人的理解，模型（Model）即是指"用来表现其他事物的一个对象或概念，是按比例尺缩减并转变到我们能够理解的形式的事物本体"（李志林和朱庆，2003）。因此，对于历史上曾先后出现过的地图表示方法，如写景法（Scenography）、地貌晕滃法（Hachure）、地貌晕渲法（Hill Shading）、分层设色法（Layer Tinting）等，均可将之视为某种特定类型的"地貌模型"，而不仅是一种浮浅而有趣的绘画技巧，如图2-1和图2-2所示。

图2-1　1513年托密勒《地理学》中的传统地图（"北方地图"），绘于公元2世纪

[本图引自：龚缨晏. 不确定的新大陆：瓦尔德西姆勒的放弃. 地图. 2009(3):136—139.]

近、现代地图学的快速发展为地貌建模带来了突破性的进展。此外，随着工程技术的进步以及材料的发展，人们还可以通过橡皮、塑料、泥沙等材料建立更为形象的形体模型。而在所有这些技术当中，最具里程碑意义的当数以等高线法来描述地貌的技术——按照一定的数学法则，将地形信息正交投影到水平面上，用高程等值线画符号来表达地形表面的起伏。虽然早期的各种地貌绘制方法已越来越符合人们的视觉生理习惯，但缺乏严密的数学理论，并且绘制技术复杂且又难以规范、不可重复，因此便天

生带有缺陷。而等高线在利用二维平面表示三维连续变化的地表现象方面，却基本上克服了这些局限性。所以到目前为止，在工程上等高线法仍旧是表示地貌形态时应用最广泛的方法（吴艳兰，2004）。

图 2-2 福建舆图局部，绘于1685年

[本图引自：孙果清.鼎盛时期的中国古代传统形象画法地图之二《福建舆图》：国宝舆图南迁故事.地图.2009(3):134—135.]

近年来，随着摄影测量技术的进步，以地面摄影相片形式记录的地形地貌具有采集方便、细节丰富、直观逼真并且可进行精确三维测量等优势，基于光学或机械投影原理的三维立体模型也开始被大量使用。因此，在数字环境下描述地表形态已成为主流。首先，就需要建立起现代的地表数学模型——数字地面模型（Digital Terrain Model，DTM）。实际上，前

面所述的等高线和地面摄影相片，在数字化环境下也是一种DTM，只是对于它们的处理工作常常需要依靠不同的技术手段来实现。

2.2.3 地形建模与DEM

在地理空间信息科学领域，与地貌信息模型最接近的概念是数字地面模型（Digital Terrain Model，DTM）。美国麻省理工学院摄影测量实验室主任Miller教授在1958年提出了DTM最早的概念：DTM是地形表面简单的数字表示，即用一个任意坐标场中大量选择的已知采样点坐标数据（X，Y，Z）来统计、表示连续的地面（李志林和朱庆，2003）。关于DTM，还衍生出若干典型的概念（范青松，2007），之后又相继出现了许多相近的术语，如德国的DHM（Digital Height Model）、英国的DGM（Digital Ground Model）、美国地质测量局和美国国防制图局的DTEM（Digital Terrain Elevation Model）及本书将重点论述的DEM（Digital Elevation Model），等等。

测绘学常把高程作为DTM的主要内容。因此，若DTM只是用来表达地面高程信息，那么DTM即变成数字高程模型（Digital Elevation Model，DEM）。从物理意义上看，DEM是DTM的一个子集。而在本章2.2.1中约定的地貌理解环境下，又具有最大的语义通适性。

DEM抽象化表达了地面的高程——这种"抽象"通过离散的区域高程采样以及在这些采样之间作某种规则的联系（因为地貌形态的邻近关联特性）来具体实现。因此，DEM也可以定义为：通过有限的地形高程数据采样和用某种规则连接成一系列曲面或平面片的集合。用数学的表示方法也可以写成（汤国安、刘学军等，2005）

$$DEM = \{M_i = \xi(P_j) \mid P_j(x_i, y_i, H_i) \in D, j = 1, 2, \cdots, m\} \quad (2\text{-}5)$$

其中，D为采样区，$P_j(x_i, y_i, H_i)$表示点i处的j领域，ξ为连接规则。模型是对事物本质的抽象与概括，而DEM正是对区域高程总貌和高程特征的本质描述。因此，总体DEM的建立过程，实质上也是一个去粗取精，保留本质的、主要的特征，舍去非本质的、次要的特征的综合生成过程（Generalization）。于是就又有了如下定义：DEM是关于地球表面指定地域上n个有序点集上的高程函数值或向量序列，是该n个有序点集上区域地面高程的数字抽象（胡鹏，2007）。值得注意的是，在这个定义中关于"序列"的理解是非常重要的——正是因为理解方式的不同，便产生了多种DEM构造方式。

2.2.4 DEM的结构形态

DEM有不同的分类方法。根据范围大小，可分为全局DEM、地区DEM和局部DEM。按照连续性，可分为不连续DEM、连续不光滑DEM和光滑DEM。这些分类反映了对DEM所演绎出来的整体物理性状的区别。如果要从数据形式的理解来描述DEM，还可以将DEM分为以下四种类型，即点结构式的DEM、线结构式的DEM、面结构式的DEM和混合结构式的DEM（李志林和朱庆，2003；汤国安、刘学军等，2005）。

（1）基于点结构的DEM

基于点的DEM建模是以采样理论为基础的。从数学的观点看，以代数符号P表达的几何点是0维的"0"表示它对空间占有的贡献为0——这就是说，在空间中（不论是在1维、2维、3维还是更高维的空间中），点都不具有大小，因此也不占据任何位置（约翰·塔巴克，2008）。于是，从几何意义上讲，再多的点也不能填满地表空间。因为不管什么时候，地表上总是包含着$n+1$个点（在这里n代表我们所拥有的点的数量，也可以代表无穷多）。但是如果要用点构造一个完备的DEM来表达地形的全部几何信息，那么理论上就需要获取地表的"全部"高程点——而这显然是不具备任何可行性的。

但是以一般的视角观察，地面上的点除了代表离散的高程信息外，还具有更多的含义，如山顶点、谷地点或地形控制点，沿山脊线或者断裂线上的点串之中的任一点等。这其中，点与点是有区别的。如果把其中具有某一可识别特征的点进行归类，并采用一定的法则联系起来，那么这些点就变成可以"建模"的点。例如，把一大片具有相同高程信息的点（集）中的最外围的点进行首尾连接构建凸包（通常还会处理成曲线的形式），就变成了围合的等高线；把距离上最邻近的点进行组合，就构成了能代表局部微观地貌的"面片"——这种面片可以是不规则的三角形（TIN）；也可以是脱离几何形象而采用更为抽象的数学函数来进行的拟合，如傅立叶级数。应当指出，这些方法所产生的最终结果实际上都不是真正的点式DEM，而最后真正能起到地貌形态表达作用的是其他的派生几何体（如线和面）。点式DEM更多的时候是其他便于可视化表达的DEM形式的初始模型。而这些表达算法，使得点式DEM有了生命。

实际上，空间上点的存在还具有另外一种意义——点虽然没有大小，但它总是存在的，这种存在的最大本质就是：它代表了一个"位置"。因此，高程点就有了具体的含意——表示这个位置上的地面高度。而由于通过采样总是无法将点布满整个地表曲面，人们有时也会习惯上将这个点所在位置的高程大小理解为其周围一定区域内的平均高程或者其他与之高度相关的高程约束（这个理解的过程通常被叫作插值）。因此，在采取了一定的措施之后（其中最具有意义的是栅格化——一种把点强制转化成计算机屏幕或纸上的一个可视区域的方法），点就成了几何意义上的"空间占用"而获得了广泛使用。很显然，对于一个具体的项目来说，如果只是需要在视觉上满足一定的地形精度和可信度，那么有一定量的、能表达相应地表信息的数据点就可以了，剩下的工作就是把这些点拉大、变粗。因此，DEM表面也可以被粗略地看作由有限数量的采样点排列而成：栅格、点云（通常是圆形的"粗"点）或其他各种大小与形状的"点"都可以。

根据地面高程数据的采样策略，点式DEM通常可分为两种，一种由随机点组成，另一种由特征点组成。如果在地表点的采样过程中，各采样点的采样概率相同，则称随机采样。实际上通过采样（规则间隔）也可以获得这种效果，因为规则是不规则的特例。而特征点则是指比一般地表点包含更多或更重要信息地表点，这种额外信息可通过两种方式获得：从点的分布上获得前后左右连续的意义，如山脊点、山谷点；或者某种理解上的重要点，如山顶点、谷地点及各类控制点，这些点都属于这一范畴。

（2）基于线结构的DEM

基于线的DEM建模是采用塑形来表达地形的一种方法。其理论的基础来源于几何学与地图学的内在联系，因此，在地图学中也是最为古老的方法之一。实际上，现在我们通常所说的线式DEM即是采用等高线（Contour Line）——一种萌芽于18世纪欧洲的地形表示方法[其最初的灵感可能是源于1701年至1702年英国的天文学家埃德蒙·哈雷以等边线的形式绘制的世界磁偏率地图（杰弗里·马丁，2008）]——来模拟地表的立体形态：水平方向通过连续的等值高程点轨迹来刻画地表上高程值相等处的地形凹凸轮廓，竖直方向上通过离散的成组等值线来表示地面的高低起伏。而其制作方法也很传统：首先获取大地测量控制点，然后将这些点连接起来勾绘成等高线。

与早期的做法所不同的是，在等高线技术体系中发展最快的是对于控制点的获取技术及由此而带来的地图成图手段。因为早期的控制点是使用三角测量法选取的代表性地形点（如山顶），然后按照逐步递推的办法测算出周围未知点的高程，其过程极为耗时耗力（我国于20世纪五六十年代测得的全国一级三角点约有15万个，所耗费的人力可想而知）。而后产生了立体投影技术，使用航拍照片进行室内地图处理，大大减少了外业工作，但是仍然需要靠人工现场测绘和判断才能完成一些特殊的地貌特征,比如悬崖、山顶、河流等。这两种方法都依赖传统制图手段——其过程也是人力消耗极大、制图周期长(4~5年),并且需要消耗大量资金。而自从机载激光地形测绘系统(LIDAR)、卫星系统(我国使用欧洲的SPOT5卫星)结合GPS地面控制点来生成等高线地图技术的应用,等高线图的制作效率便得以获得几何数量级的改进。而其中最为引人瞩目的是:2000年2月,美国派出装载先进合成孔径雷达的奋进号航天飞机,仅经过11天飞行便一次性完成了几乎覆盖全球的高程测绘,其数据经过处理后,全球海拔数据(通常被称为SRTM,如图2-3所示)在NASA的网站上已可以公开下载[《等高线地图闲谈》(http://www.godeyes.cn/html/2009/06/20/google_earth_7889.html),最后访问日期:2010.4.18]。由此也可以看出,以等高线为代表的线式DEM技术的发展实际上最终是归于点式DEM技术的进步,而其本质也是在点式DEM的基础上进行的地形地貌二次表达。

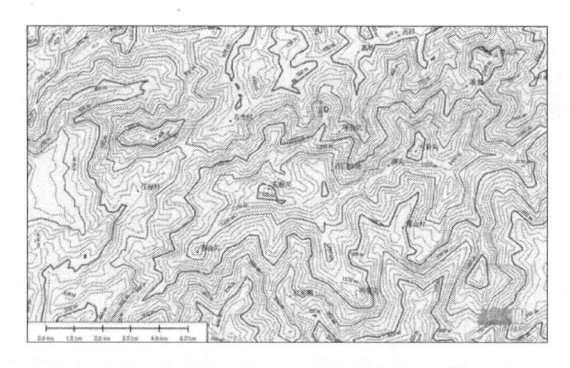

图2-3 SRTM生成的等高线地图实例
(本图引自http://www.godeyes.cn/html/2009/06/20/ google_earth_7889.html,最后获取日期:2010.4.18。)

由于等高线在大比例尺下具有可量测性,建立高精度的其他形式DEM时通常将等高线DEM作为数据源。根据等高线DEM的建立方法,还可建立平行剖线DEM。这种DEM表面沿曲线上是连续的,但是相邻曲线间的区域却是不连续的。以几何学的观点来看,这类DEM表面是线的特定集合，如图2-4所示。

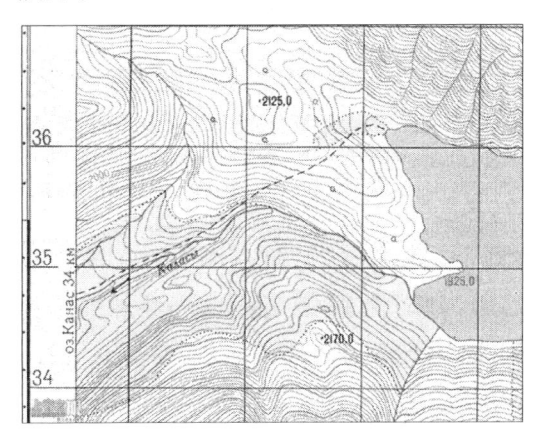

图2-4 苏联绘制的1∶100000地形图样例（新疆喀纳斯）

（本图引自 http://www.godeyes.cn/html/ 2009/06/20/google_earth_7889.html，最后获取日期：2010.4.18.）

（3）基于面结构的DEM

如前面所述，如果以某一个点的高程表示该点周围的一小块区域的高程，那么整个DEM表面可由一系列不连续的面块组成。这种方法只涉及独立的点，对于规则分布的高程点集，可以使用规则的几何平面来表示，如正方形、等边三角形、六边形等。对于不规则分布的高程点集，可以通过寻找确定对应点的影响区域的不规则形状平面来完成表面的建模过程。这种DEM表面在相邻点间的边界处存在突变，对应相邻面片边界处的高程难于确定，因此，在地形特征表达时并不常用。

此外，由地面上的三个邻近高程点可构成一个三角平面，它决定了地表上对应的局部倾斜面。若每个三角形只代表三角形所覆盖的区域，那么整个DEM表面可由一系列相互连接的三角形组成。整个地形也可由其他形状的面片相互连在一起来表示，例如正方形格网、矩形格网或其他任意形状的多边形。这类DEM被称为连续的DEM。

如果采用合适的数学函数，基于面的DEM模型也可以是光滑的DEM。当然构成的这个地表曲面也是以若干个点为基础——就如同函数构成基本形式，但最终所能获得的样式总是依赖于采用什么样的变量。连续的DEM表面模型中每个数据点的值表示的是连续表面上采样点的高程，表面的一阶导数可以是连续的，也可以是不连续的。一阶导数或更高阶导数连续的表面被定义为光滑表面。光滑DEM通常用于构建全局尺度上的地形模型。虽然这样的DEM模型受限于原始的地貌采样点，但是最终所获得的模型表面允许不必经过所有原始采样点。

（4）基于混合结构的DEM

采用连续面形式的DEM保持了地形表面三维连续的特性。但是在实际应用过程中，对于地表上的特殊地形信息，如山峰点、谷地点、断裂线、水涯线等特征（Feature-Specific，F-S）数据，单一形式的DEM却不能精确地表达。因此，也常用到混合DEM，即将基于点的DEM、基于线的DEM与基于面的DEM结合起来。但是由于混合式表面模型结构复杂，往往将其内插成不规则三角网模型，利用三角形在形状和大小方面的灵活性对面片进行划分（李志林和朱庆，2003；汤国安、刘学军等，2005）。

这似乎在概念上与面式结构的DEM产生了一点混乱，但是它恰恰说明了：在当前的地理信息世界里，决定DEM模型形式定义的不是模型最终能够像什么，而是人们一开始决定以何种方式来构想地貌的形态，以及最后以什么方式来存储和处理能够反映地貌形态的数据和隐藏在这种结构背后的思维模式。

正如前面我们所提到过的：因为有了各种特征表达的算法，才使得基本空间元素构成有意义的线和有意义的面，从而赋予各种初级形式的DEM（如点式结构的DEM）表达的生命力。在这里，我们将为此接上另外的半句话：虽然如此，但是决定DEM意义的不是这些算法而是构成DEM的元素本身。广义DEM概念的提出便是由此观点生发。

2.2.5 DEM的常见范式

虽然DEM的四种结构形态可以衍变出很多种形式，但是一般来说，最为常用的且又最为基本的DEM形式总是固定的那几种。即使偶尔也有其他形式的DEM出现，但也多是在这几种基本形式中的某一种的基础上所做的一些变化。因此，对于这几种基本的DEM形式，我们也可称为DEM的常见范式。

离散点DEM、等高线DEM、规则格网DEM（Grid DEM）和不规则三角网（Triangulated Irregular Networks，TIN）DEM是四种最为常见的DEM形式，同时也是DEM的常见范式。在本书中，Grid DEM指的是以正方形规则格网表示的连续表面模型，其数值在水平方向和垂直方向的间隔相等。

表2-1从模型描述、结构单元、地理定位信息、空间拓扑结构、地形精度和地貌精度几个方面对这四种DEM进行范式的比较（李志林和朱庆，2003；毋河海，1996）。其中，地形精度指DEM地表建模与地形表面的拟合程度，地貌精度指DEM描述地表空间信息与属性信息的准确程度。

离散点DEM一般直接由量测数据建立，其直接建模的方式避免了因内插函数自身引起误差，同时点结构也是最简单的数据结构。但是，这种模型的建立需要大量的足够密度的采样点作为支撑，地貌信息必须通过对高程点集进行地形分析才能得到，因此，计算效率较低。

等高线DEM能够通过一维曲线直观地表达连续三维地貌形态，等高距的选择可以使等高线自适应于地形的局部复杂程度，是地形表达可度量性和视觉效果的最佳折中（Clarke，1982）。但由于等高线数据的结构信息很难在数字环境下有效地予以表达，这限制了等高线DEM的使用方式，例如，目前等高线DEM主要用于生产地形图，有时也会因构建其他形式的DEM需要而被用作一种源数据（Weibel，1992；费立凡，1993；郭庆胜、毋河海等，2000；Goncalves、Julien等，2002；Ai，2007）。

表2-1　DEM的常见范式比较

	离散点DEM	等高线DEM	Grid DEM	TIN DEM
模型描述	足够密度的地表不规则采样点的集合	平行于高程基准面的曲面与地表相交的轨迹线，即具有高度属性的1维空间定位曲线的集合	以等大间隔排列的正方形网点或经纬网点构成的连续面片的集合	根据一定规则将地表采样点连接成互不重叠的三角形面片的集合
结构单元	点	曲线	双线性面元	三角形面元
地理定位信息	离散点坐标 (x, y, z)	等值线点串坐标 (x_1, y_1, c)、(x_2, y_2, c)、…、(x_n, y_n, c)	正方形网点坐标 (x_1, y_1, z_1)、(x_2, y_2, z_2)、(x_3, y_3, z_3)、(x_4, y_4, z_4)	三角形顶点坐标 (x_1, y_1, z_1)、(x_2, y_2, z_2)、(x_3, y_3, z_3)
空间拓扑结构	点–点相离关系	线–线包含或相离（并列）关系	面–面相邻关系	点–点连接关系、点–边包含关系、点–面包含关系、边–边相交关系、边–面包含关系、面–面相邻关系
地形精度	空间点（或该点处的微小邻域）与地表完全吻合	等高线DEM地形精度介于1/5~1/3等高距	Grid DEM地形精度损失与格网间距的关系曲线呈抛物线形状	TIN DEM地形精度高于网点分布相同的Grid DEM精度
地貌精度	空间点（或该点处的微小邻域）与地表完全吻合，地貌精度与采样点间距成反比	需要两条或两条以上等高线组才能表达地貌形态，与等高距成反比	每个格网单元只描述所覆盖区域的平均地貌信息，地貌精度与格网间距的平方成反比	每个三角形单元只描述所覆盖区域的平均地貌信息，地貌精度与三角形的面积成反比

Grid DEM结构简单、存储量小，具有良好的表面分析功能，因此非常适合大规模使用。但由于现实世界中地貌特征复杂，难以确定合适的格网大小。尤其在地形简单的地区，格网过密容易产生大量的冗余数据，同时在地形复杂的地区，格网过疏又不能准确表示地形的各种微起伏特征。从本质上说，Grid DEM描述的是2.5维信息，而不是真正的三维地形信息（Weibel，1991），其基础是二维地理空间的定位加上第三维的描述，而不是在三维中的任意二维空间上都可确立关系。

相比之下，三角形的形状和大小具有很大的灵活性，因此，TIN DEM能够较好地表示复杂地貌的起伏特征。对于平坦区域，TIN DEM也可有效减少数据量。但是由于TIN结构复杂、信息存储量大（需要存储大量的拓扑信息），一般只适宜对小范围、大比例尺、高精度的地形建模（李志林和朱庆，2003）。

2.3 从DEM到广义DEM

2.3.1 关于DEM的多态性问题

从形态学的角度看，地面是一个严密的高程有序系统，三维地表的全部高程现象都忠实反映了地表组成物质在其相邻区域内的三维特征和高程逻辑的有序性。所以，所有以点为基础的DEM是对地形表面的逼近（如前所述，点是基本几何形态，其他形态都是点的形式演绎）。而无论是点结构的DEM、线结构的DEM、面结构的DEM还是混合结构的DEM，虽然它们的数据形式各有不同，但是在满足精度要求的前提下，都应该承载相同的地貌形态信息——或者说，同一地区不同形式的DEM，从本质上讲都是地表三维体的多态表达，因此，在理想状态下应该是一组"同质异构"体。

多态的DEM形式为地表建模提供了极大的灵活性——无论对于数据选择还是在精度要求与工艺复杂程度之间获得权衡都同样如此。在众多学者的研究当中，DEM的建模方法可大致分为两类：一类是根据高程测量数据直接建立，在这其中，当数据不规则分布时[此时源数据多为高密度的海量空间点集合（点云）]通常人们直接建立离散点DEM（Pei、Zhu等，2006；Ozdemir和Bird，2009），而当源数据为规则行列分布时则通常直接建立Grid DEM；另一类是根据要求的格式而派生出来的DEM，在此情形下源数据多为等高线或不规则分布离散点，因此，一般做法是根据采样点内插高程点，然后建立Grid DEM（RSG）或者TIN，或者从RSG或TIN中也可内插生成等高线（Gao，1998；Shi和Tian，2006；Jordan，2007）。

既然称作模型，就必然代表着某种近似而非完全相同（见2.2.2节模型描述），因此DEM的表面建模与原始地形之间也一定会存在着误差。但是DEM的建立必须保持与原始地面高程点的高程逻辑一致，以此保留目标模拟的可辨识性（Carrara，1997）。汤国安等（2005）将这种几何上的特性细分为保凸性、逼真性和光滑性，并以此作为DEM的质量评价标准。胡鹏（2006）则将此归结为：对于真实地表的特性还要求必须满足"高处仍高，低处仍低"的高程序同构，此外他还认为可通过DEM数据的精度控制来保证模型满足量的近似，并提出高保真DEM的概念。然而，质量再好的"高保真"也仍然存在着误差，各种DEM形式自身所包含的信息涵盖、数量、质量之间的差别，使得其所表达的误差也有所不同。因此，在各种形式的DEM的相互转换之间，由于数据格式的不同和转换技术水平的限制，必然会伴随着精度损失（刘学军，2002），这似乎便意味着DEM多态性将导致无法避免出现"异构不同质"问题。这种问题首先让人想到转换之间的不可逆，接下来就是对于地貌形态保真的顾虑——这甚至也可能是：是否会引起高程序同构的失败？关于这点，Kubik和Botman（1976）使用高程的协方差研究了不同内插技术的DEM精度问题，发现实际地形的不同类别对于协方差函数具有明显的选择性。

根据本章前面几小节的论述可知：通常意义上的DEM形式差异首

先产生于几何的差异。而反过来看，这种几何形态的差异之中也必然伴随着几何体的同源性（几何体的同源性来源于其可推导性，欧几里得，2005）。如果这样的话，那么抽象至同一个对象，是否便于绕过多态所带来的一切问题的可能？

2.3.2　DEM多态性的广义抽象：几何学观点

在目前的认知条件下，毫无疑问，DEM总是处于一定的几何空间之中。而点是几何学的基础，先有点而后才有线、面、体（约翰·塔巴克，2008）。点作为最简单的几何概念，成为几何、物理、矢量图形和其他领域中的最基本的组成部分。点运动成为线，线的运动则构成面，面运动构成体，如图2-5所示。于是，由点的累积（积分）可构成任何复杂性状。毫无疑问，具有几何表现的地貌也属于这样的性状（由点构成）。

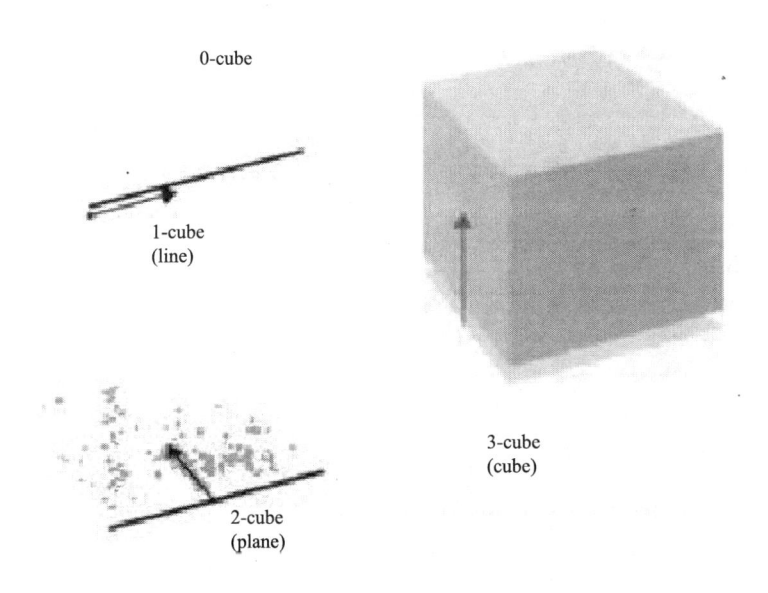

图2-5　点、线、面的类推

［本图引自：Atkins Peter. 2003. Galileo's Finger: The Ten Great Ideas of Science. New York: Oxford University Press. P. 282.（或中文版）彼得·阿特金斯. 伽利略的手指. 长沙: 湖南科学技术出版社2007年版，第361页］

地貌是地理空间中客观存在的复杂三维实体，对地貌信息的理解和处理理论上是一个约束不充分的问题，其最佳表达和评价也必然是一个无限逼近的模糊过程。从微积分观点来看，地表面总可以无限分解为更小的区域。因此，研究区域的某种地貌信息可以看作是其所有组成片区上的该种地貌信息积分，即

$$I_i(X,Y) = \int_\infty I_i(x,y)\mathrm{d}(x,y) \qquad (2\text{-}6)$$

其中，（X，Y）表示研究区域，可以是二维空间上的线段、网络或面域；（x，y）为区域中的某一极微小领域单元的二维坐标（如水平面坐标、经纬坐标或矩阵行列号）。

就极微小这一概念而言，以几何形式表达的地貌要素也只能是点。因为在几何空间里，点是空间中只有位置、没有大小的图形（约翰·塔巴克，2008）——甚至没有"形状"，因此，对任意方向都暗含着联系的可能。对于其他形状的要素却不能这样。对线而言，由于通过点的运动而产生的线也没有大小（只有长度，没有宽度），由线所进行的空间表述也是以其"广义"论。试想一下，等高线本身所代表的地貌不也是产生于读图者的假设？问题是这种逻辑上的微小却无法在地貌表达的要求下构成连续。因为由其形式所限定的构造关系只能沿线顺序展开，并最终指向一种不完全的联系，因此，便无法保持任意方向上的无偏性（线性方向有偏）。由此类推，面的构造也必受限于其二维方向上的联系——因为这种联系在更高维的空间上也无法完全，如图2-6和图2-7所示。

对于模型，尤其是对于可视化的地貌模型而言，其"按比例尺缩减并转变到我们能够理解的形式"之定义（李志林和朱庆，2003）必将决定其内在的概要性。这样，我们平时所追求的"高保真"实际上亦即意味着其"难保真"。也就是说，每当一种可视化的DEM模型被建立，其过程中必定伴随着精度的损失。由于线、面本身便具有固化的不完全联系，对于任何以线、面为基础的DEM模型或者是其中包含任何线、面形式的DEM

模型，都会使得精度的变化沿着各自的表达方向延展，而这最终将导致精度变化上的差异——即使我们通过某种过程控制技术使得这种精度的变化在总体数量上达到近似。这种非同步的精度变化（精度的等比变化即为同步变化）所能导致的最终结果便有可能是逻辑一致性受损。显然，在大多数的DEM形式之间，是不具备转换的等价性的。

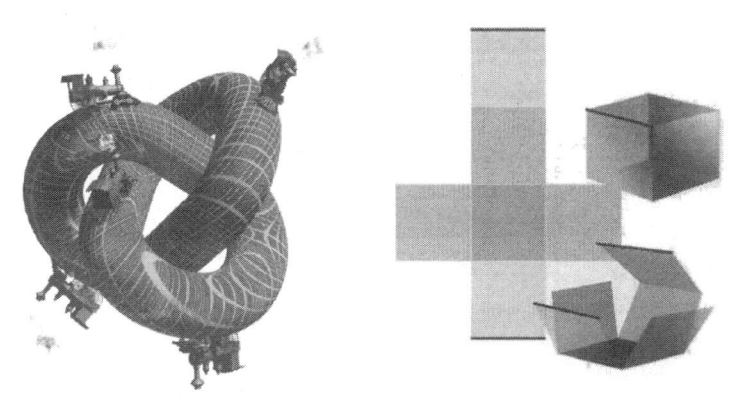

图2-6 不完全空间联系——从低维到高维的空间理解缺失

[左图：低维空间中的认知缺陷，本图引自：史蒂芬·霍金.果壳中的宇宙.长沙：湖南科学技术出版社2008年版，第33页。右图：二维表面与三维表面的断裂，本图引自：彼得·阿特金斯.伽利略的手指.长沙：湖南科学技术出版社2007年版，第362页]

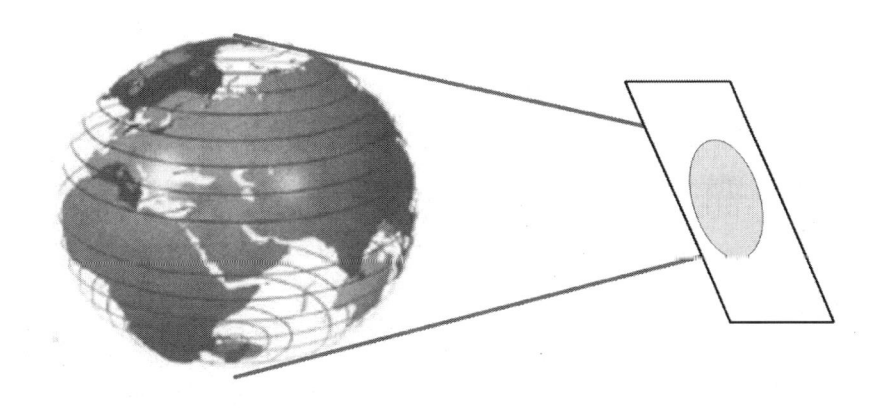

图2-7 地表的空间形态与基于二维的模型空间（2.5维DEM）

但是点的性质可以克服这个问题，因为点具有方向无偏性。虽然严格意义上的几何点是一个0维度对象，没有大小，但是在地貌中，一般理解意义上的点却有着位置上的空间代表性并产生内涵上的相互联系[见2.2.4节中(1)的表述]：其空间代表性可产生向各个维度延展的领域概念，内涵上的联系性则使得这些领域联合而成为整体。于是，对于地貌中的点而言，它们的集合也完全可积，而不仅是抽象意义上的"点的运动"。事实上，即使对于无法获知面积或体积边界的地理现象，也可归一化为带属性的质点来表示。从地表物理特性分类看，无论是地质成分、土壤力学特性、温度等地貌元素都可以看作是地面点的自身属性；从地理要素分类看，地表上居民地、道路、境界等任一要素的地势都可通过沿线、沿面分布的最简单的点集构成；坡度、坡向等地貌因子，地表能量流动（如水流系统），都可通过点集的空间变换和运算来计算和描述。点是最小地貌信息单元，这是广义DEM的地理学基础。

所谓广义，即是对狭义而言：事物定义适用的范围有大有小，大者为广义，小者为狭义（杨德才，2002）。广义具有更大的适用面，且由本义而推广至趋向一般化，因此，广义应更接近于事物或现象的本质。而一切的事实都将广义DEM的形式指向了点。地貌的任何物质形态，都可以简单而统一地微分而成为地理空间的特定点集——点集本身就是代表性最好的DEM。

2.3.3 广义DEM的泛型表达：物理学观点

我们所处的世界优美而对称，正如帕加马城的盖伦（公元129—199年）所描述："美并不是存在于基本的元素里，而是存在于部分的对称里"（彼得·阿特金斯，2007）。原子、能量甚至整个宇宙——当然其中也包括本书所探讨的地貌，无不徜徉于优美的对称结构之中（有时候我们听到的描述也可能是"守恒"）。所以我们才得以经常从自然（或非自然）的地貌景观当中获得美感，并由此产生人类历史上的无数灵感与创作，如图2-8所示。

在论及对称性时，彼得·阿特金斯（2007）说道："对称性的美是这个世界的灵魂"。问题是在任何一幅地貌景观中美仅可被我们的脑海所映像、感知；但是对于美的来源——宇宙的基本对称性却往往无法直接用肉眼去捕捉，而只有通过复杂的数学工具[如公式（2-6）]才能被发现。因此，潜藏在"美"背后的规则信息有时便会被部分丢失。

图2-8　艺术化的地貌形态/体表达

[本图引自：Mulholland Drive: The Road to the Studio，1980，帆布，丙烯酸（86英寸×243英寸），©David Hockney]

当这种情形发生在具有方向约束的DEM（如基于线、面构建DEM）建模过程中的时候，通常就会表现为：原始地貌的内在规则被部分获得并得到强化，其余部分被有意或无意地舍弃。于是，当构建DEM的数据产生变化（甚至包括从无到有的DEM构建过程本身）时，地貌中的原始对称性被破坏。因为根据"万物恒守恒"的宇宙一般规律，DEM模型中精确度的变化总会以熵增或熵减的形式表现出来（普里戈金，2007）；但是，由于在这些约束的DEM模型中地貌精度的转换是非等比的，地貌特征的描述便发生了局部的失衡——信息在质、量转换的空间分配比例上发生变化。所以，最后所反映出来的地貌结构也被不同程度地破坏。显然，所有这些本身具有约束的形式都不适合作为我们的广义DEM的泛型表达。

正如人们在1500多年前发现的自然数0（约翰·塔巴克，2008），在几何形态当中，最简单的结构——0维的点结构同时也是最完备的结构。因为它具有方向的无偏性，而无偏性构成了其"原子性"的基础（彼得·阿特金斯，2007）。将其放到DEM建模的范畴中来看，不规则分布的离散点DEM是直接利用了点的原子特性而根据邻近关系内插出需要的特征；等高线DEM可以看作是空间不规则离散点按不同高程值进行分组，然后各组高程点沿曲线串联；Grid DEM使得高程点（实际上是小面）沿行列等间隔排列；TIN DEM则通过构建三角网，建立相邻高程点的连接关系构成面片。因此，在众多形式的DEM中，离散点DEM是最一般代表，任何其他形式的DEM都可当作是它的特例。

不同结构的DEM实质是定义在约束的DEM模型空间的点集。当将DEM从其他形式转换成离散点集时，相当于在DEM模型空间消除了数据组织方案的约束。点是图形数据表达格式中的最小独立单元，采用点来组织空间要素的各个部分，具有最大的灵活性和严密性。这是广义DEM的核心思想，也是本书的理论基础。

2.3.4 广义DEM的基本概念

至此，我们已经可以推出广义DEM的一般概念，它由三部分组成。其中：第一部分指出广义DEM的提出是为了解决一般DEM的多态不兼容问题；第二部分给出了广义DEM的定义，阐明了不规则分布的三维离散点同其他格式的DEM之间的关系，不难推论，只要有算法能对不规则分布的三维离散点进行综合，那么它一定可以对任何格式的DEM进行综合；第三部分指出了多态等价DEM的可利用性。例如，若不规则分布的三维离散点已经被综合到了适当的程度，那么，只要根据这套综合后的点集勾绘出对应的等高线，这些等高线也可被认为已经被适当地综合了，因为它们在信息上是等价的。

> 第一部分：关于广义DEM的提出背景
>   DEM有多种表达形式，理论上讲，这些不同形式DEM的信息应能等价转换。
> 第二部分：关于广义DEM的基本定义
>   一切表征有地形高程信息的点都能被纳入广义DEM的概念范畴内。不规则分布的三维离散点是其他各种形式的DEM的最一般代表，任何其他格式的DEM都是它的特例。
> 第三部分：关于广义DEM的综合（针对本书）
>   若任何一种格式的DEM已被正确综合，则与它等价的、经格式转换而得到的其他格式的DEM，也可认为已被正确综合。

一般形式的DEM的模型空间受限于其基本形态的空间维度，而基于离散点的广义DEM模型空间则可以达到全向。虽然在目前的技术水平下获取地表数据的方式仍然是基于2.5维空间的理解，但是其表达的地表形态却真实存在于3维空间之内。因此，全向的模型空间思维，能够更完整地表达真实的地貌形态。

就如本书1.1.2节中所述，到目前为止还没有任何一种数据形式可以声称能做到最有效地再现地貌形态，对于广义DEM也是如此。实际上，由于点的0维性，广义DEM在地貌的可视化表达方面并不具备优势，但是它在数字环境下却能够最好地保证地貌记录的无偏性（不带任何主观约束），这一好处最终产生了广义DEM概念的第三部分。

2.4 小结

本章介绍了地貌、DEM、广义DEM三者之间的关系，并由一般地貌的理解演绎出广义DEM的概念、形态与意义的描述。

首先，本章的2.1节对地貌的一般特征进行了讨论。其中就地貌形态的三维连续性、复杂多样性、空间邻近性和地貌单元不确定性等主要特性作了重点阐述。由此指出，地貌形态虽然极为复杂，但仍具有可表达的可行性。

然后，2.2节在此基础上，详细讨论了关于地貌形态的DEM建模概念，其内容涵盖理论上地貌建模的信息理解基础、地貌建模的发展状态和一般DEM所采取的形式。本节重点论述和比较了现有DEM所采用的一般形态及常见范式，从而为后面广义DEM的提出奠定理论基础。

接着本章的2.3节指出当前DEM建模多态性所带来的问题及各种DEM形式本身所带有的缺陷，并分别从几何学观点和物理学观点出发，具体论证了广义DEM的可能形式及其理论基础。最后，本章就这些观点进行了总结，并就广义DEM的一般概念进行了阐述和解释。

第三章 基于广义DEM的地貌三维综合模型

3.1 地貌三维综合的基本思想

3.1.1 地貌形态的微观理解

地貌对象是一个空间集合体的概念。任何一种地貌体都是由不同的几何面所围成，具有一定的体积、形状等外部特征。对于某种地貌类型，可以用坡度、坡长、坡形、沟谷密度、切割深度、地表起伏度和水文结构等概念和指标来描述。在这些概念和指标中，有些描述个体形态，有些描述群体形态，有些则是描述区域形态特征。因此，地貌综合首先应该是地表起伏抽象概括的形态学问题，所提取的地貌特征应反映地貌的形态结构和分布。

根据地貌学定义地貌形态特征，任何复杂的地貌都可认为是由平地（包括高平地、阶地、低洼平地）、坡地和洼地（包括孤立洼地和组合洼地）组成（如图3-1所示）（闾国年、钱亚东等，1998）；不同尺度下的地表形态高低起伏，均可概括为这六种要素形态。图3-1是这几种地貌形态分类的示意图。其中，高平地指中间平整周围低陷的区域，如黄土高原的塬和峁。阶地是指一侧高另一侧低而中间平整抬升的区域，如梯田、河流阶地等。低洼平地与高平地的地形正好相反，中间平整而周围高起，如坝内平地。孤立洼地是中间低周围高的区域，坡地表现为中间高周围低。组合洼可看作是由其他几种地貌形态组成。

(a) 高平地　　　(b) 阶地　　　(c) 低洼平地

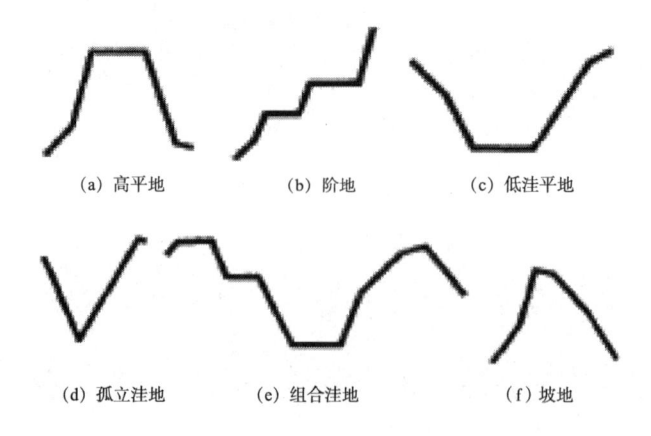

(d) 孤立洼地　　(e) 组合洼地　　(f) 坡地

图3-1　地貌形态分类图

[本图引自：闾国年，钱亚东，等.基于栅格数字高程模型提取特征地貌技术研究.地理学报，1998，53(6).]

地貌系统的形态要素很多，有些要素是基本的，有些要素可以从其他要素派生出来。上述六种要素形态，最终都是通过区域中高程点相对于周围的高程点的高低来"定位"与"定性"描述。这些点具有集合意义，点集整体构成了基本地貌形态，也构成了地貌空间几何体的支架，包括地貌区域沟谷网络、分水系统。这与广义DEM的基本思想一致。

3.1.2　地貌信息的宏观变换

不同的尺度下，同一地区的地貌信息常被表示为不同范畴的地形目标（毋河海，1981）。在大比例尺地理空间数据库中，较小范围内的地表的各个微地貌元素，包括斜坡、坡足线等都能够被精确地表示。若用等高线来表达，等高线上的每一点都可提供对应实地上准确的高程点，此时等高线即是精确的测量线。在中比例尺地理空间数据库中，地貌信息将突出地貌单元的整体态势，如丘陵、河谷、黄土高原的塬、梁、峁等地表的规律性特征，而小区域的局部地貌信息却不需要过多表达。在小比例尺地理空间数据库中，这已经不是精确的地貌形态，而是大型地貌单元的整体轮廓、结构或信息类型。地貌信息的尺度变换特点，体现了人们对地理现象的空间认知规律。

根据地貌形态的微观理解，地貌特征点是地貌信息的最小组元。无论何种地貌信息，都通过地貌特征点的集合（或子集）来描述。我们将地貌特征点集合对地貌信息的容纳能力称为地貌信息含量。地貌信息含量描述了地貌特征点集对地表信息描述的详细程度。假设地貌特征点对地表该处（或微小领域）的描述都是有效的（不存在粗差或重合点），地貌特征点越多，刻画地表形态越精细，对应的地貌信息含量越大；反之，刻画地表形态越概略，地貌信息载负量就越小。

粗略地将比例尺变化序列划分为大、中、小三个阶段。地貌信息变化规律可通过地貌特征点集的地貌信息含量随比例尺的变化来表示，如图3-2所示。

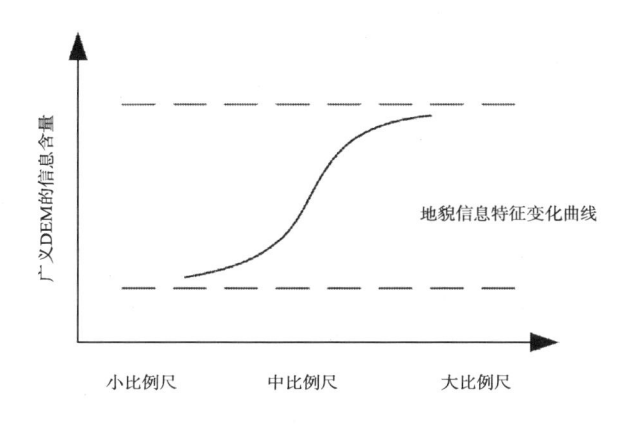

图3-2 地貌信息含量随比例尺的变化趋势曲线

在大比例尺阶段，地貌细部微小起伏几乎全部需要表达出来，为了尽可能真切地逼近真实地形，单位面积上高程采样点极多。当采样点数量达到一定程度时，即使增加再多的高程点，点集对地貌信息描述的详细程度也不会有实质性的增加，地貌信息含量将趋于饱和。

在小比例尺阶段，较少的地貌高程点即可满足刻画地貌类型的轮廓或结构的需要。若比例尺小到人们已经无须观察和分析地貌表现出来的空间结构和异质特点，地貌区域将表现为一个空间质点甚至消失。由于高程采样点只有在集合意义上才能够描述地表形态，高程采样点数少到一定程度时地貌表达模型解构，对应的地貌信息含量立即消失，地貌信息含量存在一个下限。

中比例尺阶段是大比例尺与小比例尺的过渡阶段，高程点的个数在比例尺减小的过程中逐渐减少。靠近大比例尺区段的部分，由于点数无限多，点数的减少引起的总体地貌信息的减少刚开始并不明显。而靠近小比例尺区段的部分，减少的点数占总数的百分比越来越大，引起地貌信息的衰减将会迅速加快。

3.1.3 地貌综合的核心过程

数字环境下的地貌综合与传统的等高线地图综合相比，两者都是包括地貌信息的选择和传输表达。它们最大的差别在于，前者应是脱离于符号表达的地貌信息从一种比例尺到较小比例尺的信息流的转换，而后者与图形形式有关。地貌信息随着比例尺的缩小，内容和结构都在发生着变化。地貌形态的表达是真实世界的抽象表达，具有简洁地再现客观世界和易于理解的优势。因此，信息的选择过程就是地貌综合的核心过程，也是地貌综合概念框架的核心环节。

信息的表达总是以数据作为具体形式，信息的获取则要通过对数据的解译来实现。这意味着对于信息的选择形式上仍然表现为对数据的选择。在国内外学者提出的众多地貌综合研究中，关于地貌信息的选择，无论是基于TIN DEM、基于Grid DEM的综合，还是基于等高线DEM的综合，最后都集中于地貌特征点的选取。这些特征点可以是局部意义上的特征点，对应山峰、坡地、洼地和谷地等地貌形态单元上的极值点（Weber W，1982；间国年、钱亚东等，1998；Bjørke和Nilsen，2002；蔡先华和郑天栋，2003），或在自然可视法则下人眼对地理空间变化细节可感知的地形点（Li和Openshaw，1992；Li和Sui，2000），甚至可以是全局意义上的特征点，包括代表地貌骨架特征的地形结构线上的山脊点和山谷点（Weibel，1992；费立凡，1993；郭庆胜、毋河海等，2000；Goncalves和Julien，2002；Ai，2007）。它们的共同之处在于，都是对地表形态的描述具有较大贡献的高程点，是地貌信息表达的"重要点集"。

3.2 地貌三维综合的约束条件

3.2.1 综合约束的有关概念

（1）综合约束的含义

约束一词是由计算机科学引入到制图综合中的，指综合中对象要素、实施过程和综合结果应遵循的标准和满足的条件（Beard和Mackaness，1991）。约束可以是目标自身的约束，也可以是目标之间的上下文约束，其目的在于尽量增加综合结果的可靠性，而减少产生的不可靠综合结果的数量。

在传统的地图综合中，综合约束其实一直存在，主要是实施者根据在实际编图过程中形成的各种编图规范和作业经验。在综合过程中，约束通常是需要保持或避免的要求（Ruas，1998）。例如，保持等高线形的化简反映地貌的主要形态，避免相邻等高线之间出现相交的逻辑冲突，化简后成组等高线的弯曲仍然协调套合等。

随着自动地图综合技术的发展，制图专家越来越清晰地认识到约束在自动综合中的重要作用，关于自动综合的约束的研究正趋活跃。

（2）综合约束的分类

目前，广泛认可的是Weibel（1998）根据约束条件的影响作用划分的四种约束，即图形约束、拓扑约束、结构约束和格式塔（Gestalt，完形）约束。①图形约束：图形约束由地图要素的符号特征部分和几何属性的可辨析引起，主要规定了图上的基本尺寸及其邻近属性，如单个要素的最小尺寸、最小宽度和长度，多个要素之间的最小距离。图形约束可根据图上保持要素符号清晰性条件下的可辨尺寸进行量化，因此，相对容易定义。②拓扑约束：拓扑约束指需要保持综合前后要素的连接性、邻近性和包含关系等基本拓扑关系。通常情况下，单要素的拓扑约束较之复合要素要简单，如曲线的自相交、相邻面共边等。对于道路网实体的连通性等隐含的连接关系，还需要通过分析空间特征来予以保持。理想的拓扑约束是综合前后图形的拓扑同胚，但实际过程中由于图形的化简和合并等操作智能保持综合前后图形的拓扑同构（邓红艳、武芳等，2008）。③结构约束：结构约束强调综合前后结构特征的保持。对于单个要素指的是形状的凹凸前后一致；对于群组要素，如居民地、河网等，指空间分布的一致性。拓扑约束关注的是某个局部的一对一（如曲线与自身、曲线与相邻曲线）和一对多（如道路与建筑物）之间的关系，结构约束描述了更高层次的逻辑概念，因此，结构约束也被称作语义约束（吕秀琴，2008）。④格式塔约束：格式塔约束是关于地图的可读性与易读性的约束。格式塔是艺术心理学的重要理论，强调事物性质与表象的完整性。传统手工综合主要通过夸大、聚合来增强可视化效果。在自动制图中，则需要考虑认知主体在感知、辨析、识别、推理的不同思维过程中的认知心理原则（艾廷华，2007）。由于涉及美学和复杂的人类感知，在所有制图综合约束中，格式塔约束最为复杂。

上述约束从总体作用效果上考虑了制图综合过程以及综合结果需要遵循的准则，对于综合约束条件的描述其实就是对整个综合过程的描述，反映了综合过程中积累的各种综合经验知识。因此，也有专家将综合约束条件称为综合约束知识，对综合约束的研究又称为对综合知识的研究（Weibel，1998）。

（3）综合约束的作用特点

综合过程的不同阶段，综合约束的执行是一种发散而松散的形式（邓红艳、武芳等，2006）。根据数字制图综合的DLM信息变换观，综合包含着地理信息综合和图形再现两个有序过程。地理信息综合阶段是基于数据库的模型综合，综合约束强调精度范围内误差最小，空间关系不变，能够提供满足地理分析所需的地理特征和提高地理分析的效率。图形再现过程则是在地理信息综合过程之后以需要满足图形可视化为目的的综合阶段，综合约束侧重于规定的内容和符号的显示，符合地图生产的整饰规范，依照不同的制图目的还受到制图约束的作用。

对于不同的目标对象，综合约束的内容还可以进一步具体化。Weibel（1998）分析了自动制图综合中各种约束条件，对线要素的约束进行了评估。Muller等（1990）通过分析不同比例尺地图上道路、建筑物、街区在尺度缩小时的数量和尺度变化，指定了目标数量随尺度变化的可辨性约束条件。Harrie（1999）根据移位的行为定义了移动约束、内部结构约束、曲率程度约束、交叉约束和空间冲突约束五种移位约束。Martin（2003）地图要素的拓扑关系、图形变化、结构保持和格式塔原则方面约束对地图综合的影响作用，针对多边形建立了多维约束的质量评估模型。Hake（2002）指出在建筑物的变形过程中，应优先保持建筑物的平行性、直线性（直角性），再尽可能保持建筑物与各段道路之间的相对位置关系。毛建华（2007）认为维护目标的整体性需要特别注意目标空间位置约束、特征约束和可辨析约束。对于期望获得良好质量的综合，通常需要根据具体的研究对象设立反映对应特征的多个约束条件，并针对具体的约束特点建立相应的数学模型，以合适的约束指标作为控制综合过程和评价阶段性综合结果的依据。

3.2.2 地貌综合的约束条件

关于地貌综合约束条件的系统性研究较少，主要是针对等高线以成组方式表达地貌的线要素特性建立制图综合的约束模型。刘颖（2005）从空间图形的表达角度提出了等高线综合的约束条件。①可辨性约束。等高线间相互独立大体平行，包含关系和并列关系明确。②特征性约束。等高线是水平面与地球表面的交线，在同一水平面上各点的高程必然相等，因此等高线上的高程点值相等且唯一，成组的等高线群、相邻等高线之间不相交。相交的水平面具有无限延展性，所得的单根等高线具有封闭性和连续性，只允许在图廓处断开与图框相交。③几何相似约束。组成某种地貌形态单元（如山脊、山谷）的成组等高线在线条弯曲特征方面的几何属性相似。Li和Openshaw（1992）提出了等高线综合的视觉自然法则，认为等高线上的弯曲应满足可辨性，等高线弯曲的"最小可视元"单元为图幅上0.6~0.7 mm，小于这个尺寸单元内的等高线细节变化将不易被人眼辨别出来。Wannin（1997）认为地貌综合的关键在于，当局部的次要细节消失后，表示地形特征的骨架信息应根据需要予以保留，需要通过骨架信息作为综合过程的约束。地形骨架线的引入为等高线综合过程中几何形态的变化提供了地理学依据（Ai，2007）。Bulent（2006）研究了地形图上等高线对地形水平方向和竖直方向形态的描述方式，提出等高线的变形既要考虑宏观上的骨架线约束，也需要考虑变形后引起的地势抬升或沉陷的微观地理精度约束。

地貌形态属于制图物体综合体范畴，地貌形态的自动制图综合相比平面几何图形的化简更为复杂（毋河海，1981）。地貌形态借助等高线来表示，但等高线本身并不等同于地理实体，在地貌的信息综合过程中，等高线与地貌对象的这一本质区别不能忽视。特别是数字环境下的地貌综合，以DEM作为综合对象，基于等高线DEM综合的地貌综合约束对于其他形式的地貌综合显然不能满足需要。有关其他DEM形式地貌综合的约束条件研究，主要是从侧面反映在对地貌数据的压缩和对保持地貌结构特征的算法设计上，目前尚未见诸专门的讨论。

结合地貌实体对象的特点和目前被广泛认可的Weibel综合约束分类，作者提出了地貌三维综合应考虑的约束条件包括以下方面。①精度约束：

综合后地形特征点的高程与原地形数据相比保持不变,位置精确,综合区域内地形数据精度满足地理空间数据质量精度要求。②地形约束:包括地貌自身的地形约束和其他地理要素的地形约束。地貌是三维空间中的体对象,综合过程中应该保留地貌主要的、本质的地表起伏,删除次要的、非本质的细部微小抖动,综合前后保持地表整体结构一致。地貌形态允许适当变形,应使地形的三维体量变化尽量小,地表的纵、横剖面反映原始的形态特征。从地形信息角度考虑,地表上发育或坐落的地理要素,它们的定位对于地貌形态也具有一定程度的控制作用,如某些有特殊标高的山头或谷地、湖泊等,需优先保持它们的准确位置。③语义约束:保持综合后地貌形态类型不变,并与其他地理要素之间具有合理的逻辑关系,如不能出现"有水没谷"或"河流爬坡"的现象,对于附近有控制点或高程标识点的区域,避免地表高程与它们的标高出现矛盾。④格式塔约束:地貌综合即地貌形态抽象概括的过程,应尽可能保持地表形态的整体表意特性。⑤可控约束:指地貌综合的过程可控、综合程度可控、综合结果质量可控。

3.3 基于广义DEM的地貌三维综合框架

3.3.1 DEM综合概念框架研究

在过去的50年中,自动综合一直是地图信息和GIS的研究热点(王家耀,2008)。有关专家从不同的角度对综合过程的逻辑步骤进行了归纳,并提出了若干有代表性的综合概念模式,如Brassel-Weibel模式(Brassel和Weibel,1988)、McMaster-Shea模式(McMaster和Shea,1992)、Morehouse模式(Morehouse,1995)、Li-Su模式(Li和Su,1995)、Plazanent模式(Plazanent,1995)、"5W+1H"模式(毋河海,2000)、空间映射模式(艾廷华,2003)、渐进式模式(Ware和Christopher,1998;郭庆胜、黄远林等,2007)和协同式模式(武芳和王家耀,2002)

等。这些综合模型普遍认为，空间对象的特征识别和选择决策是所有综合处理中的关键。地貌综合方面，最具代表性的概念模型有自适应地貌综合概念框架Weibel（1987）和Grid DEM综合生成模型（范青松，2007）。

（1）自适应地貌综合的概念框架

Weibel（1987）基于Brassel和Weibel（1988）提出的结构识别、过程识别、过程建模、进程执行和数据显示五个综合过程，提出了一套地貌自适应综合概念框架，试图根据不同地貌类型、综合目的和比例尺跨度选择综合算子。该模型将地貌综合分为DEM全局滤波处理、选择性滤波处理和基于地形结构线的启发式综合三个部分，如图3-3所示。

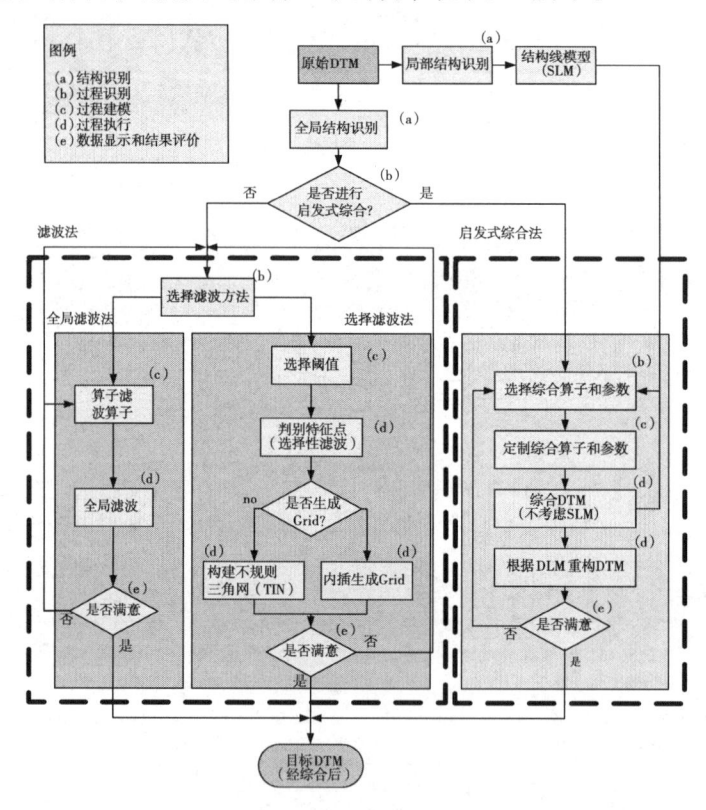

图3-3 自适应的DEM综合的概念框架

（本图引自：Weibel R. An Adaptive Methodology for Automated Relief Generalization. Proceedings of Auto-Carto 8. Baltimore, Maryland, U.S.A. 1987，P.45.）

Weibel的全局滤波和选择性滤波属于数字图形图像处理方法，他们将地貌数据当作数字图像，采用图形图像技术，对地貌信息从全局和局部对地形点进行栅格滤波重采样操作，通过保留地貌形态的重要特征点集来达到地貌抽象概括的目的。全局滤波可以改善DEM的描述误差，但对于崎岖的地貌形态，地貌特征会严重丧失（Wanning，1996）。选择滤波法虽然具有较好的局部适应性，却局限于化简和细部的消除。当局部次要的地形细节消失后，地形特征的骨架信息应根据需要予以保留（Wanning，1996）。启发式综合方法模拟地貌的手工综合过程，指出了一种从特征层次化方向判断地貌特征点的策略，即结构化综合。这种综合思想以地形结构线（Structure Line Model，SLM）作为反映地貌总体特征的骨架线，通过自上而下地构建地貌特征的树层次结构，评价地貌要素相对于结构线的重要性，来决定其选取、夸大和移位，从而构建地貌形态约简金字塔。但是其前提是需要建立严密的多层次有序的结构线体系（吴艳兰，2004；王涛，2005）。

（2）Grid DEM综合生成模型

DEM的生成建立在对表达特征信息的地貌数据的选择、处理、分析的基础之上，是一个去粗取精的过程（胡鹏，2007）。范青松（2007）结合高保真、高分辨率基础DEM生成理论提出了Grid DEM综合生成模型。该模型对象由四个部分组成，即尺度变换模型、重要点集选取模型、DEM综合的格网映射及高程计算和可视化成果评价。DEM综合生成模型如图3-4所示。

尺度变换模型，将地貌现象的尺度依赖特性看作是高分辨率DEM到低分辨率DEM之间的多对一映射关系。比例尺缩小后，地面上某个领域范围内的多个高程点的信息值"聚集"到某个点上。对于Grid DEM，可通过2×2的逐级归并方式，实现四个点对一个点的映射。即采用邻域分析的方法，在2×2栅格领域内选取重要的点作为新DEM格网点。若逐级变换后的DEM分辨率不满足指定的尺度，可通过对最靠近指定分辨率的DEM进行内插得到目标DEM。

重要点集（Most Significant Points，MSPs）的选取，首先在语义层面上分析地貌的基本形态，然后通过保留微小范围内的山脊点和山谷点等基本地貌单元的重要点，由底向上保留地貌的主要特征、舍去地貌的次要特征。地貌结构化特征在格网点处的邻域栅格的几何分析中得到了挖掘。

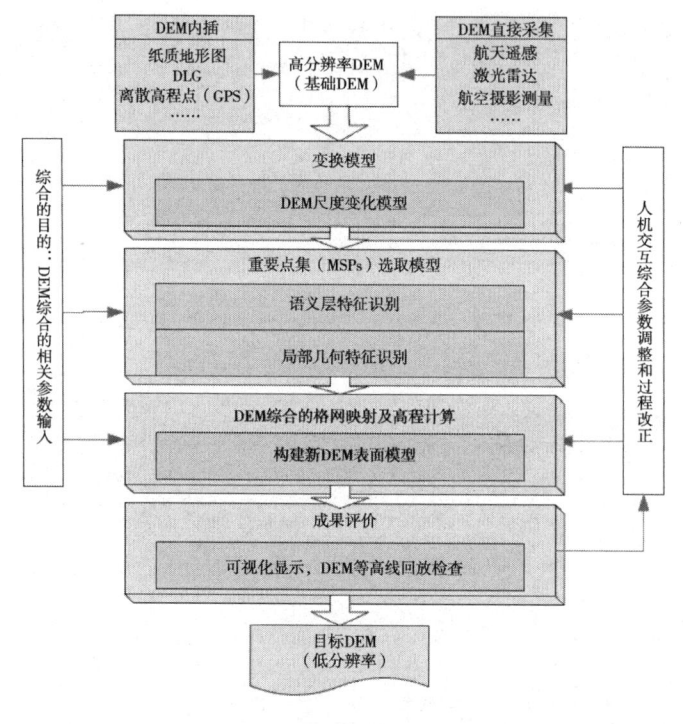

图3-4　DEM综合生成模型

（本图引自：范青松. DEM综合生成技术研究. 武汉:武汉大学2007年. P.45.）

通过重要点集的选取，地表高程点被分为特征点和一般点两部分。为了保持重要点对全局结构的贡献，低分辨率DEM的格网映射需采用特征点面化策略（吴艳兰，2004）。建立新格网点控制Voronoi区域，若Voronoi区中有特征点，则新格网点的高程值取特征点的高程值；若Voronoi区中无特征点，则新格网点的高程值等于拟合曲面上该点的高程。

3.3.2　基于广义DEM的地貌综合框架

以地貌综合的信息变换观点，地貌综合的对象应是地貌本身的三维形态信息，操作过程则是对三维形态信息的选取过程，但技术上仍表现为对地貌数据的操作。因此，数字环境下的地貌综合需要通过DEM综合来实现。

根据广义DEM的观点，地表高程点集是地貌信息的最一般载体，地貌体的全部特征由地表高程点的全集构成，无论何种形式的DEM，都可归一到广义DEM的范畴中来，作为离散点DEM的特例。进行地貌综合后，地貌的简化信息将是地表高程点集的子集所描述的信息。结合地貌三维综合的约束条件，从地貌信息表达形式的一般性出发，可得基于广义DEM的地貌综合框架，如图3-5所示。

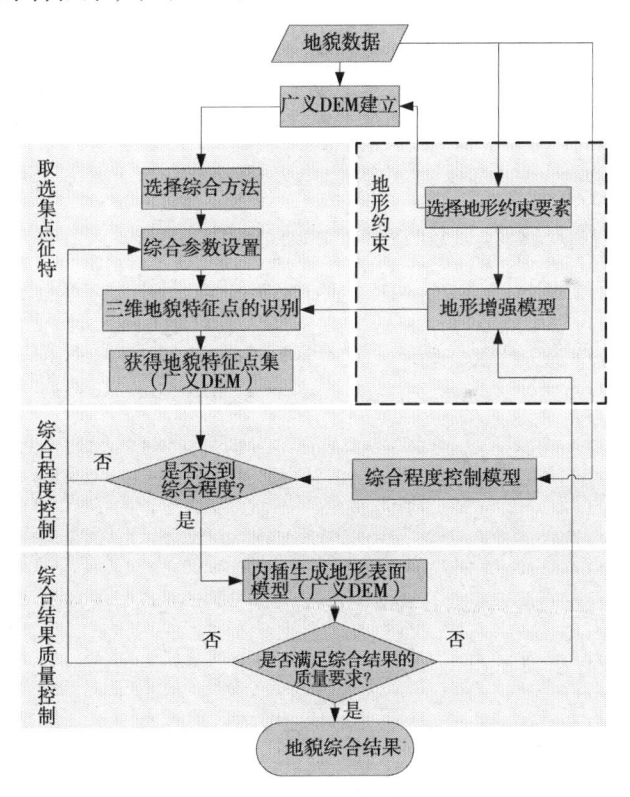

图 3-5　基于广义DEM的地貌综合框架

（1）地形特征点集的选取

地貌特征点是个相对的概念。在对地貌信息无限精确描述的空间尺度下，地表高程点均是描述地貌特征的地形信息点；在对地貌抽象概括描述的空间尺度下，地貌特征点是地表高程点中对整体地貌形态最具代表性的部分地形信息点。根据广义DEM的观点，地貌特征点应具有以下四个含义。①任何携带地形信息的地表点都可看作是地貌特征点。面向地貌图形（图像）的各种具体DEM形式都可扩展为统一的面向地表立体形态的三维点集；在地形数据的实际应用中，为了保证DEM数据对地形的描述精度而额外地添加地形数据，如山顶点、断裂线、河流水涯线等，它们的地形点也共同构成了描述地貌信息的地貌特征点。②地貌特征点是地貌特征的最小组元，包含对应空间定位点（或其微小邻域）处的地貌信息，只有地貌特征点集的整体才具有代表地貌特征的意义。换言之，特征点集总体表征的地形特征信息，大于点集中所有点个体表征的地形信息之和。③地貌特征点应在局部区域与邻域点相比具有相对重要性，同时在全局范围内也具有绝对重要意义，地貌特征点集中每个点都比点集之外的其他地表高程点个体更能代表总体。④地貌特征点重要性的评价与空间尺度相关。比例尺越大，选取的重要地貌特征点集反映的地貌信息越详细；反之，比例尺越小，选取的重要地貌特征点集反映的地貌信息越粗略。

地貌特征点集的选取，不能机械地将地表高程点看作是孤立的、杂乱无章的几何点，而是应该考虑它们对地表塑形信息表达的群集方式。因此，地貌综合中采用的地貌特征点选取算法，需要能够保留在全局上抽象表达地形特征的重要点集。广义DEM将不规则分布的三维离散形式看作是任何其他形式DEM的最一般代表，脱离了特定的地形数据结构对地形表达形式的束缚，对地貌特征点的选取结果若能正确描述地貌总体形态特征，也可认为是原始地貌对象在某个空间尺度下的广义DEM。

（2）综合过程的地形约束

对地形特征点集的正确选取，可以有效地保留地貌的主要形态特征，同时还应该考虑其他地理对象对地貌基本形态所起的控制作用，如山顶点、断裂线、河流水涯线等，我们称为地形约束，这些地理对象要素称为地形特征要素（李志林，2003）或地形约束要素。

根据地形约束要素对象在地理空间数据库中的数据组织形式，可以分为点约束要素、线约束要素、网络约束要数和面约束要素。它们既是地理空间数据库中的基本内容，也是验证和提高数据精度质量、保持地形数据语义正确的重要手段，同时也是地貌综合中需要顾及的对地貌对象地理学信息的补充和制约。①点约束要素：指以离散点的方式对地貌的基本形态起控制作用的地理对象，包括山顶点、凹陷点、脊点、谷点、鞍点和平地点等基本地形点和测量控制点等特殊标识点。点约束要素能够提供对应微小领域范围的空间定位精度。它们既是基本地貌形态的组成部分，也是表达地貌抽象形态的MSPs的重要来源（钟业勋，2002；Schmidt，2003；Reuter等，2006；范青松，2007）。②线约束要素：指的是陡崖、河堤边线、断裂线等特殊的地形要素。在建立数字地形数据库时，这些线约束要素是必不可少的。由于Grid DEM产品以高次多项式内插得到，它们对于地表的拟合是光滑曲面，需要额外补充断裂线和陡峭等特殊的地形信息（汤国安，2005）。等高线DEM在破碎或陡峭的区域，也采用间断等高线或补充陡崖符号等方式来表示地形的剧烈变化。本书所指的地形约束要素是一种数字景观模型（Digital Landscape Model，DLM），通过属性、坐标与关系来存储空间对象，并独立于表示法而与符号系统无关。③网络约束要素：指在全域范围内构成地貌形态特征的呈网状分布的地理要素，在六大基本地形要素中主要指线状水系要素和交通要素。在地貌发育稳定的地区，自然形成的地表径流总是贴合着地面从高处流向低处（地质成分不均匀的地形除外）。因此，在制图综合中，水系中心线是重要的地形结构线，对其他要素有一定的制约作用（王家耀，1993）。通过实现线状水系要素对地貌综合的约束作用，还可为解决地貌与水系的协调制图综合的问题提供新的思路（见第五章）。顾及地形特征网络要素的地貌综合与结构化思想有相似之处，保留了水系对地貌整体形态的控制作用（河流骨架线也是地形结构线的一部分）。结构化综合利用的是隐含在地形中的地形结构线，包括山脊线和山谷线等人工线。当然，在地形结构线提取正确的情况下，也可将地形结构线纳入网络约束要素的范畴。④面约束要素：具体说来包括双线河、湖泊、水库或街区（居民地）等面状地理实体对象。它们对地形的约束作用在于，要求地形在其面域边界范围内保持与之相对应的地形趋势。

地形约束的作用主要体现在地貌特征点的选取过程中。根据地形约束要素对综合区域地形的重要程度，设计合适的地形增强模型，从而将地形约束要素的地形信息补充到地貌形态信息中。通过这种方式，综合区域地形要素的重要性程度将会产生进一步的分异和夸张。这就使得地形特征提取的效果得到强化。地形增强模型的设计由地形约束要素本身的属性和期望获得的综合结果质量共同决定。

（3）综合程度控制

综合过程即对客观事物的抽象和概括，突出事物主要的、本质的特征，舍去次要的、非本质的特征，即综合意味着信息的丢失。对地貌综合程度的控制是实现地貌自动综合的重要内容。事实上，这在传统的手工地图制图综合中，也是一个不容易说清楚的问题。如何能够自控控制综合程度，以达到地理信息或者地图信息在目标比例尺下应有的信息含量，仍然是一个广阔的研究领域。

基于广义DEM的地貌综合通过选取主要地貌特征点来实现对地表形态的化简，地貌细节信息便随着次要地貌特征点的删除而消失，因此，地貌数据量与地貌信息量之间有着天然的联系。当然，综合程度并不等同于数据量的压缩程度。应该根据地貌类型的预先分类来统计地貌对象在目标比例尺下应该具有的地形信息含量，以此建立综合程度控制模型。从可实施的角度考虑，地貌综合程度的控制应该具体到对地貌数据的操作上来，根据综合程度控制模型计算合适的综合参数，以此作为对原始地貌数据中的有用地形数据进行压缩的控制阈值。

（4）综合结果质量评价

综合结果的科学性和可用性是对地貌综合乃至是地图综合结果的最终要求。因此，对综合结果的质量评价是综合过程中必不可少的一部分。对于地貌综合结果质量评价，传统的人工制图综合主要依靠有经验的作业员的专业积累，通常采用定性的描述作为评价综合结果好坏的准则。在地貌自动综合过程中，需要设计可行的评价综合结果优劣的函数，量化地貌综合结果质量，从而根据对综合结果质量评价的结果自动调整综合参数，以获得最佳的综合效果。

3.4 小结

本章首先从地貌形态的微观理解、地貌信息的宏观变换和地貌综合的核心过程三个方面，讨论了将地貌对象作为客观存在的地理实体的地貌三维综合思想。根据地貌学对地貌形态的定义，地貌对象首先应该是由不同地貌要素形态组成的集合体。在不同的空间尺度下，同一地区的地貌信息可被感知的程度不同，表现出来的形式是：对应的地貌高程点的信息含量变化正相关于比例尺的变化。从而提出，地貌综合的关键在于对地貌主要特征点的有效识别和选取，这与广义DEM的基本思想一致。通过研究各种综合约束条件对综合过程的作用效果，建立合理的地貌三维综合约束条件，有利于为正确建立地貌自动综合模型提供思路。

在分析了两个有代表性的地貌综合概念框架之后，作者结合地貌三维综合的约束条件，从地貌信息表达形式的一般性出发，提出了基于广义

DEM的地貌综合框架。该框架的核心是对地貌主要信息特征点的选取，认为表达抽象地貌特征的高程点集应该是表示地表全部特征点集的子集，并且地貌特征点在集合层面上才有表征地表形态信息的意义，应该从全局角度提取地貌特征点。地形约束要素是地理空间数据库中对地表形态起控制作用或反映地形信息的地理空间对象，综合过程中引入地形约束要素，既可以为正确判别地形特征提供补充和参考信息，也可顾及地貌综合中的地貌对象与其他地理要素的地理学关系。同时，地貌综合过程还应该是综合程度可控和综合结果质量可控的。

第四章　基于3DDP的地貌三维综合算法

对于地貌形态的概括和化简，应该以三维空间的视角揭示地貌全局的、主要的形态信息。广义DEM的基本思想，为我们提供了地貌信息的全向空间思维。如何识别和选取地貌三维形态特征点，成为地貌综合的关键所在，而三维Douglas-Peucker（3DDP）算法的提出为此提供了可能。

4.1 三维Douglas-Peucker算法

将地貌看作是立体几何对象，地貌的特征点即是地貌立体形态整体特征的塑形点。对地貌特征点的选取转而成为对地貌立体形态全局塑形点的选取。为了能够选取出地表的最大局部特征点，本书采用3DDP算法实现提取地貌特征点的选取。

4.1.1 3DDP算法的基本原理

1973年，Douglas和Peucker在压缩曲线上点子的数量时，提出了通过计算最大偏移量寻找曲线上特征点的方法（Douglas和Peucker，1973）。该方法既能够对形状复杂的曲线进行化简，又具有严格的保凹凸性，能够保持曲线总体变形最小。数十年来，由于其思路简洁，易于实现，在计算机制图领域和GIS领域获得了广泛应用，是线状要素自动综合的主要方法之一，被称为Douglas-Peucker（DP）算法。其基本原理如图4-1所示。

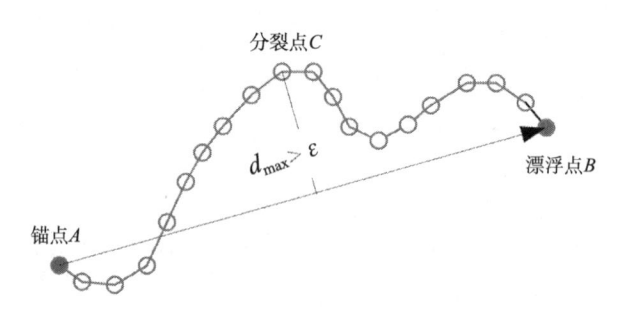

图4-1　DP算法基本原理

DP算法的具体过程如下。①曲线上的点集总是有序的，从曲线的一端排列至曲线的另一端。在顺序组成的点列中，两个端点作为点列的起始点和终止点，分别称作初始锚点A和初始漂浮点B。②将初始锚点A和初始漂浮点B连起来，可以唯一确定一条直线，称之为基线。③依次计算从初始锚点A到初始漂浮点B之间曲线上各点到基线的偏移量，寻找偏移基线最大的点C。④若点C的偏移量小于给定的阈值ε，则锚点和漂浮点之间的所有点都将被删除；若点C的偏移量等于或大于ε，则该点将被选取，并作为分裂点将点串分为两段，即{A~C}和{C~B}。⑤以点A作为新的锚点，点C作为新的漂浮点，重新对点集{A~C}执行步骤②~④：重新构造基线，找出新的分裂点或删除中间点……直至漂浮点与锚点逻辑上相邻，即漂浮点与锚点之间没有中间点。⑥循环结束后，除初始锚点A和初始漂浮点B外，此时的漂浮点将作为曲线上第一次选中的最大特征点，称之为P_1。若漂浮点与初始漂浮不在同一位置（即图中点B），则将锚点前进到P_1，漂浮点回到初始漂浮点B，重新进行下一轮的特征点选取循环。这种方法称为DP算法的"锚点前进法"（如图4-2所示）。

在实践中，为了提高效率，可以对由分裂点分成的两个点集（如图4-3中的点C将点串分为{A~C}和{C~B}两段）分别进行特征点选取、分段，直到每段点列中都选不出新的特征点为止，所有特征点集的总和将作为曲线上的特征点。这种方法可称为"分而治之法"。

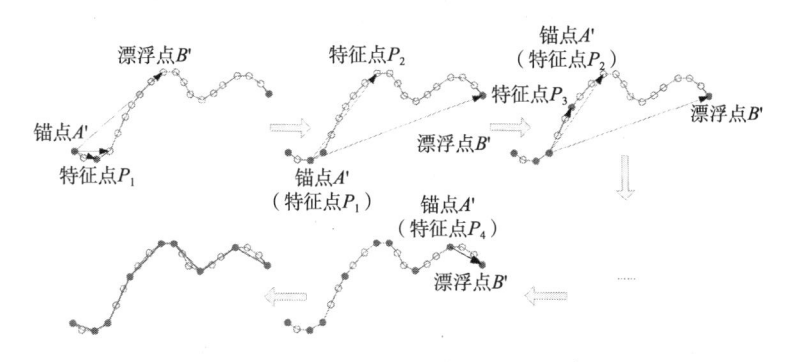

图4-2 DP算法的"锚点前进法"基本原理

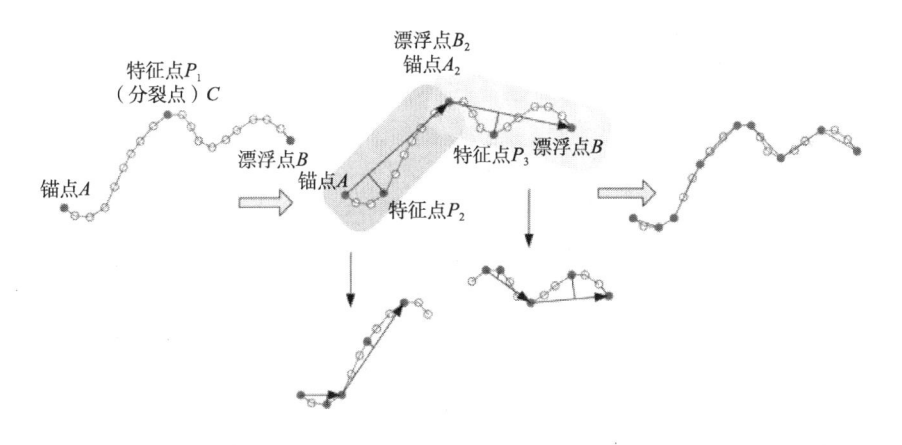

图4-3 DP算法的"分而治之法"基本原理

通过上述对DP算法的描述可知，该算法能够选出曲线总体及局部形态的特征点的原因在于以下三点。①判断的基线始终由当前最有意义、最有特点的两个点（当前曲线片段的两个端点）确定。在下一个特征点的寻找过程中，基线是考量曲线最大区段上点子重要性的审视线或参考线。②曲线片段中相对于基线具有最大偏移量的点，被认为对曲线形状的贡献量最大。每次特征点选取时，具有最大偏移量的点将作为最有意义的点予以考察。③曲线形状化简过程中，点子离基线的偏移量判断为曲线的几何特征参量与尺度的关联提供了可能。以相应尺度下的最小可辨距离作为评判阈值,若考察点的偏移量等于或大于阈值,则在该比例尺下该点对曲线的塑形才是成功的。

DP算法能够在二维空间寻找曲线主要特征点的特性,为在三维空间中寻找曲面的特征点提供启示(费立凡,2006)。

(1)点数据的组织

二维曲线上的点集是有序的点列,从首点开始,下一点是原始数据点集中离上一点距离最近的新点(在曲线不自相交的情况下)。这样的顺序体现了邻近的顺序累加就是远离(逻辑远离)和局部的顺序累加就是全局(相对全局)的内涵。将三维曲面离散化成三维离散点集,虽然数据点集的分布是不规则的,看似无序,但根据二维数据顺序的特点,也可找到一定的排序规律,生成类似的有序点列。

(2)"审视"参考的确定

曲线的首末点已知,标识着曲线片段空间的边界,由其构建的基线代表了曲线片段的最大趋势线,相当于计算机的"视准线",去"审视"曲线点列,体现了从全局(相对全局)的视角提取特征点的思想。三维空间中,曲面上的三维点集也存在着这样的最大趋势面,为计算机的"审视"曲面点集提供"视平面"。在空间几何中,三点可决定一个空间平面。在离散点集中寻找这样的三个点,他们构成的三角形的面积在点集中所有的每三个点构成的三角形中面积最大,那么,这三个点确定的平面也可被当作整个曲面的趋势平面。

(3)特征点的判别

曲线上的点明确的定位了曲线弯曲在曲线上的分布,曲面上的点也明确定位了曲面起伏在曲面上的分布。二维曲线上的特征点,通过选择离基线偏移最大的点来考察。若构造最大特征平面作为参考平面,则具有离参考平面最大偏移量的空间点,将是相对于该平面最有意义的点,考察该点的偏移量，若大于给定的阈值，则作为特征点而被选取。

将DP算法推广至三维，称之为3DDP算法。3DDP的动机在于，认为三维曲面的信息主要集中在曲面上的特征点集，并且，最大特征点主要发生在弯曲强烈的地方，即极值点。所选取空间离散点均是原始曲面上的点，从而保证了精度。并且，对于由空间点集确定的闭合立体曲面，选取的特征点集表达的空间面与原始空间面相比，整体位移最小。当点-面偏移量的评判阈值趋向于无穷小时，提取的三维空间点集确定的立体曲面将快速收敛于初始曲面（如图4-4所示）。

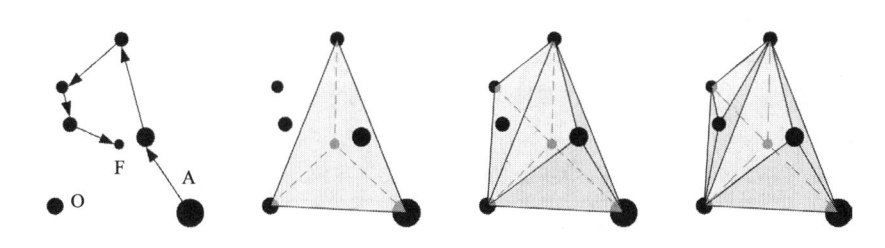

图4-4　3DDP算法的特征点选取过程

4.1.2 地貌三维特征点的提取

根据广义DEM的思想，地表可以离散化成为带有定位信息和属性信息的三维离散点集，这些点即是地表在三维空间中的塑形点，地貌的三维曲面信息主要集中在这些塑形点上。采用3DDP算法提取地貌主要三维塑形点，可以从三维空间的角度考虑点集的立体属性，并且通过对点-面偏移量比较阈值的设置，还可以实现综合程度与尺度的关联。

采用3DDP的地貌特征点提取算法具体实现如下。

（1）离散高程点集的组织

对于三维离散高程点集$\{P_i\}$，以某一高程点P_{ti}作为空间原点，则所有高程点可看作是从原点出发到该点所构成的矢量，得到矢量集$V(P_{ti})$。

矢量集中两两矢量求积，选出矢量积最大的一对，记做Prodmax（P_{ti}）。对于$\{P_i\}$中的每一个点，都可得到这样的矢量对。若$i=j$时，Prodmax（P_{ti}）最大，则将P_{tj}作为点集的空间原点，相应的矢量对记为初始锚矢量OA和初始漂浮矢量OB，并且矢量端点记为初始锚点A和初始漂浮点B（如图4-5所示）。

　　从离散高程点集中得到的初始锚矢量和初始漂浮矢量，它们的矢量积最大表示它们所构成的三角形的面积最大，那么对应的空间基平面则代表了地表三维曲面的总体趋势面。在实际计算中，为了提高运算速度，可以先从离散高程点集中求出点集的x、y、z极值x_{min}、y_{min}、z_{min}、x_{max}、y_{max}、z_{max}，然后选取至少含有其中之一的高程点作为原点候选点。这样的候选点至少有两个。分别将他们试作原点，初始锚点和初始漂浮点分别从原始点集中挑选，能获得矢量积绝对值最大的点，对应的点就确定为正式的原点O、初始锚点A和初始漂浮点B。

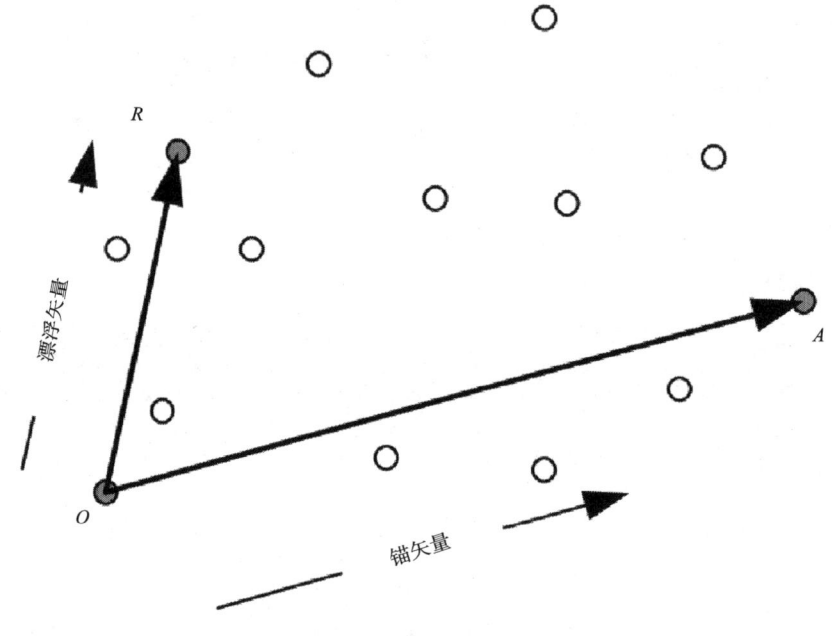

图4-5　初始锚矢量与初始漂浮矢量的确定

（2）高程点序列的构建

以初始锚点A作为点列的首点，依次寻找未排序点集中距队列末点距离最近的点作为队列的下一个点（除原点O和初始漂浮点B外）。最后，将初始漂浮点作为整个队列的末点。得到的空间点列{A~B}不包含原点O，由（n-1）个元素P（1）、P（2）、…、P（n-1）组成，其中P（1）=A，P（n-1）=B（如图4-6所示）。

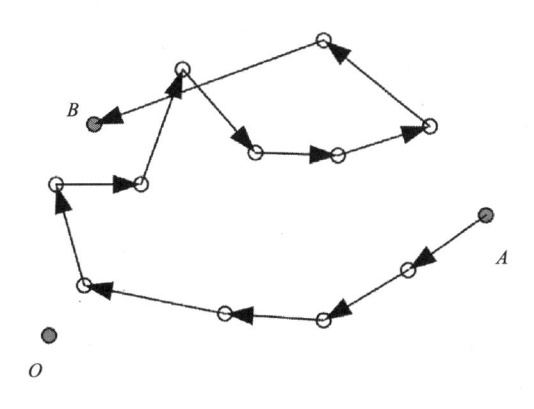

图4-6 高程点序列的构建

在判断元素之间的邻近关系时，通常度量元素之间的欧氏距离。为了计算方便，我们将高程点投影到欧氏空间下，计算高程点的三维欧氏距离。设高程点P_1和P_2的坐标分别为(x_1, y_1, z_1)和(x_2, y_2, z_2)，那么它们之间的距离l为

$$l = |P_1P_2| = \sqrt{(x_1 - x_2)^2 + (y_1 - y_2)^2 + (z_1 - z_2)^2} \quad (4-1)$$

（3）特征高程点的选取

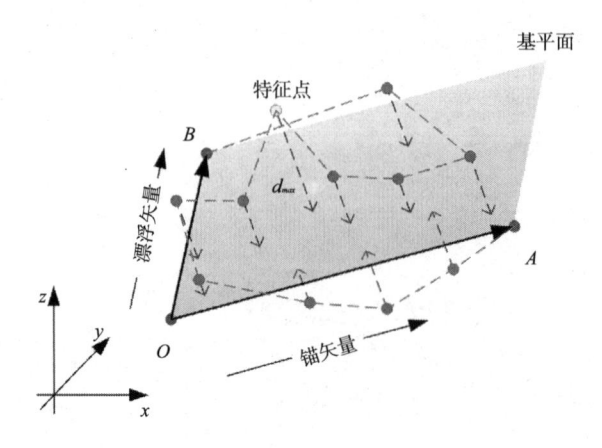

图4-7 特征点的判别

图4-7中，由初始锚矢量OA和初始漂浮矢量OB可以唯一确定一个空间平面，称之为基平面。依次计算从初始锚点A到初始漂浮点B的高程点列中各点到基平面的点面距，寻找点面距最大的点C。以基平面作为审视面或参考面，选取出来的相对于基平面具有最大偏移的高程点描述了地貌形态的塑形信息。若对应的点面距等于或大于给定的阈值，那么该高程点就是对应空间尺度（与阈值相关联）下相对于基平面的地貌特征点。

设原点、锚点、漂浮点的坐标分为(x_O,y_O,z_O)、(x_A,y_A,z_A)和(x_B,y_B,z_B)，则基平面OAB的法向量n有

$$n=\overrightarrow{OA}\times\overrightarrow{OB}=\begin{vmatrix} \vec{i} & \vec{j} & \vec{k} \\ (x_A-x_O) & (y_A-y_O) & (z_A-z_O) \\ (x_B-x_O) & (y_B-y_O) & (z_B-z_O) \end{vmatrix} \quad (4-2)$$

那么，基平面的函数方程$ax+by+cz+d=0$有如下解

$$a = (y_A - y_O) \times (z_B - z_O) - (y_B - y_O) \times (z_A - z_O)$$
$$b = (z_A - z_O) \times (x_B - x_O) - (x_A - x_O) \times (z_B - z_O)$$
$$c = (x_A - x_O) \times (y_B - y_O) - (y_A - y_O) \times (x_B - x_O)$$
$$d = -ax_A - by_A - c_A \quad (4\text{-}3)$$

设点集中的任意高程点 P 到该基平面的距离为 D，则

$$D = \frac{|a\,x_P + b\,y_P + c\,z_P + d|}{\sqrt{a^2 + b^2 + c^2}} \quad (4\text{-}4)$$

设点 C 为点面距最大的点，其点面距记作 D_C，那么有

$$D_C = \max(D_P | P \in \{A \sim B\}, 且\ P \neq A, P \neq B)$$

若 D_C 小于给定的阈值 ε，则点列中锚点和漂浮点之间的所有高程点都将作为次要点被删除；若 D_C 等于或大于 ε，则该点将作为分裂点将点串分为两段，即 $\{A \sim C\}$ 和 $\{C \sim B\}$。

类似地，采用3DDP的地貌特征点提取算法也有"锚点前进法"和"分而治之法"。在"分而治之法"中，分裂点 C 将会作为地貌特征点 P 被保留下来。对得到的新队列 $\{A \sim C\}$ 和 $\{C \sim B\}$ 递归的执行选取、分段，直至对于每次构造的基面都没新的特征点选取出来。那么，最终得到的点集则是原始地貌离散点集中的特征点集合。

采用3DDP算法选取地貌特征点，图4-8是原始地貌晕渲图与选取的高程点集的叠加，图4-9为对应的等高线图，等高距为50m。对比原始数据与由选取的特征点叠加的等高线图可知，在点子极大减少的情况下，采用3DDP算法选取的高程点仍然能够表达出原始数据的主要地貌形态。与原始地貌相比，随着高程特征点数的减少，首先消失的是地表上的微小地形信息，对应于等高线上的微小弯曲，而地表上的主要山脊和山谷都能得到有效保留。

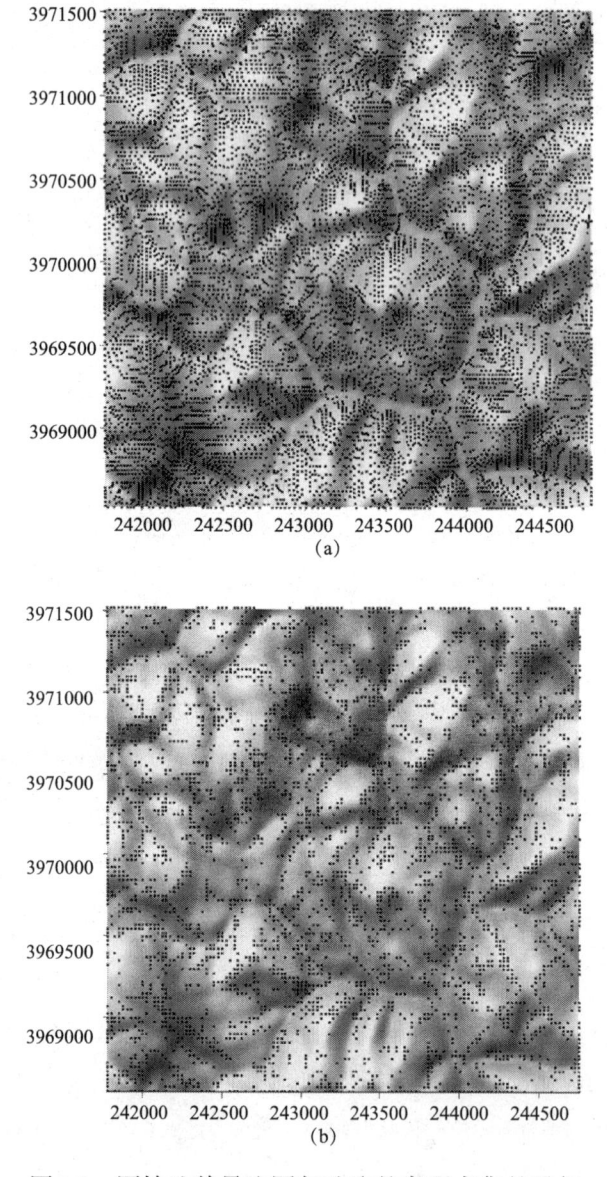

图4-8 原始地貌晕渲图与选取的高程点集的叠加

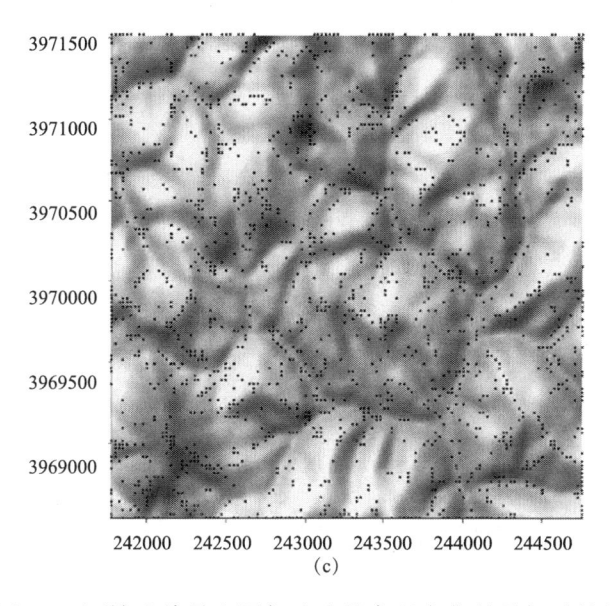

图4-8 原始地貌晕渲图与选取的高程点集的叠加（续）

[(a) 原始特征点集（选取100%）；(b) 选取25%的地貌特征点；(c) 选取12.5%的地貌特征点]

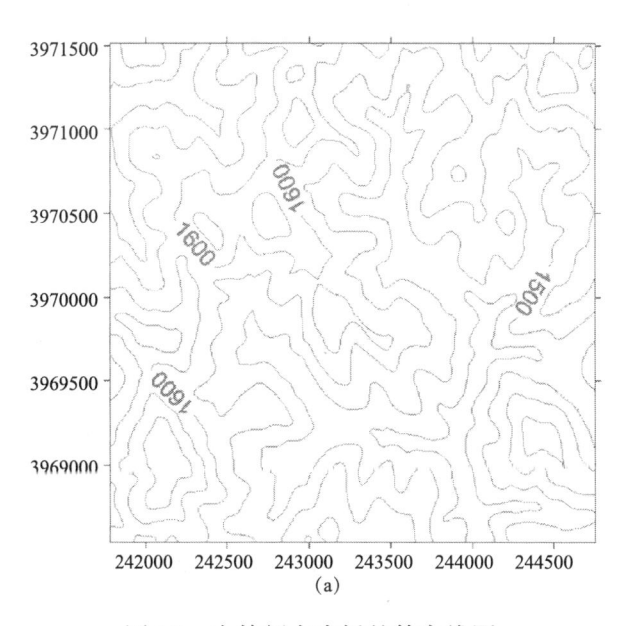

图4-9 由特征点内插的等高线图

广义DEM与地貌水系一体化综合

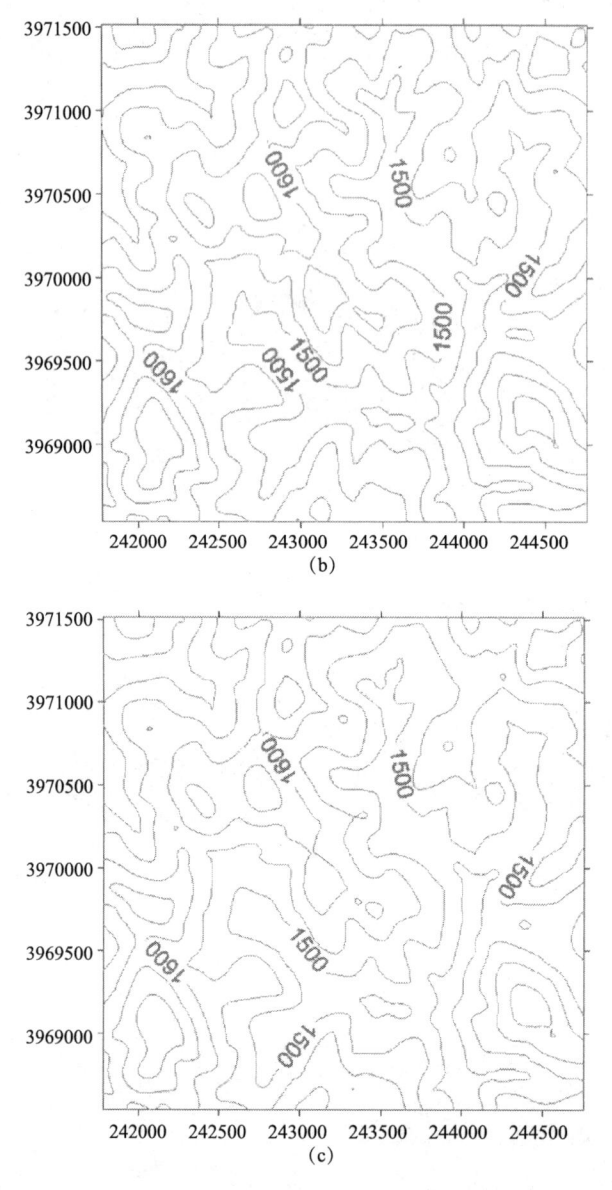

图4-9 由特征点内插的等高线图（续）

[(a) 原始特征点集内插等高线；(b) 选取25%的地貌特征点内插的等高线；(c) 选取12.5%的地貌特征点内插的等高线]

4.2　考虑邻近特性的空间排序

描述地貌信息的各种DEM形式，都可归一到广义DEM空间下，表现为不规则或规则分布的离散高程点。人们用3DDP算法根据"物理邻近的累加即是远离"的原则，对不规则分布的三维离散点集进行排序，这被称之为点式排序法。针对不同DEM形式，也可以根据高程点的空间邻近特征，设计相应的排队策略。

4.2.1　Grid DEM的扫描排序法

Grid DEM结构简单，具有良好的表面分析功能，适合大规模使用，因此成为当前世界各国基础地理信息数据中的主要地形数据产品。在国内外地形相关的大多数研究文献中所提到的DEM，均是指这种具有规则网格式的DEM。所谓"规则"，即意味着在结构中隐含着顺序，这为Grid DEM点集的按"规则"排序带来了可能。关于这点，刘敏（2007）曾就3DDP算法排序的方向性问题进行了探讨，发现点集按某一规则方向排序进行综合，保留下来的点子将会沿排序方向的正交方向收敛。费立凡（2008）则根据Grid DEM数据结构的行列特点，提出了不同排序方法的3DDP算法改进，并通过实验论证算法的排序复杂度由原来的$O(n^2)$降为$O(n)$，使综合运算速度大大提高。

Grid DEM实际就是规则间隔的正方形格网点或经纬网点阵列，每一个格网点与其他相邻格网点之间的拓扑关系都已经隐含在该阵列的行列号当中。利用其本身固有的顺序，对Grid DEM上的高程点，可以有按行方向、按列方向、对角方向几种可能排序（如图4-10所示）。

广义DEM与地貌水系一体化综合

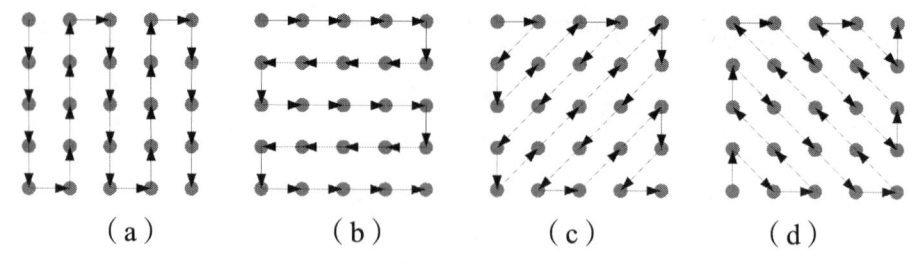

（a）　　　　　（b）　　　　　（c）　　　　　（d）

图4-10　Grid DEM上的高程点序

[(a) 按列方向扫描的点序；(b) 按行方向扫描的点序；(c) 按正对角方向扫描的点序；(d) 按逆对角方向扫描的点序]

设有I行J列的矩阵R，由元素$r_{i,j}$组成，i、j为正整数且$i \leqslant I$、$j \leqslant J$，那么进行Grid扫描排序得到队列为$Q_{I \times J}^{I \times J}$，设队列的通项为$q_n$，$n$为正整数且$n \leqslant I \times J$，最优行序排队和最优列序排队的公式化描述如下。

（1）按行扫描

设a为n整除$2 \times J$的商，b为n除$2 \times J$的余数，有

$$q_n = \begin{cases} r_{2 \times a+1, b}, & a \geqslant 0, 0 < b \leqslant J \\ r_{2 \times a+2, 2 \times J-b+1}, & a \geqslant 0, b > J \\ r_{2 \times a, 1}, & a > 0, b = 0 \end{cases} \tag{4-5}$$

设前一项为$q_{n-1} = r_{i,j}$，也可以表示为

$$q_n = \begin{cases} r_{i, j+1} & i\text{为奇数，且}j < J \\ r_{i+1, j} & i\text{为奇数，且}j = J \\ r_{i, j-1} & i\text{为偶数，且}j > 1 \\ r_{i+1, j} & i\text{为偶数，且}j = 1 \end{cases} \tag{4-6}$$

（2）按列扫描

设a为n整除$2 \times I$的商，b为n除$2 \times I$的余数，有

$$q_n = \begin{cases} r_{b,2\times a+1}, & a \geqslant 0, 0 < b \leqslant I \\ r_{2\times I-b+1,2\times a+2}, & a \geqslant 0, b > I \\ r_{1,2\times a}, & a > 0, b = 0 \end{cases} \quad (4\text{-}7)$$

设前一项为$q_{n-1}=r_{i,j}$，也可以表示为

$$q_n = \begin{cases} r_{i+1,j} & j\text{为奇数，且}i < I \\ r_{i,j+1} & j\text{为奇数，且}i = I \\ r_{i-1,j} & j\text{为偶数，且}i > 1 \\ r_{i,1+1} & j\text{为偶数，且}j = 1 \end{cases} \quad (4\text{-}8)$$

（3）正对角扫描

正对角扫描和逆对角扫描排序，比按行、按列扫描复杂。设前一项为$q_{n-1}=r_{i,j}$，$p=i+j$，可以表示为

$$q_n = \begin{cases} r_{i+1,j-1} & p\text{为奇数，且}i < I, j > 1 \\ r_{i+1,j} & p\text{为奇数，且}i < I, j = 1 \\ r_{i,j+1} & p\text{为奇数，且}i = I \\ r_{i-1,j+1} & p\text{为偶数，且}i > 1, j < J \\ r_{i,j+1} & p\text{为偶数，且}i = 1, j < J \\ r_{i-1,j} & p\text{为偶数，且}j = J \end{cases} \quad (4\text{-}9)$$

（4）逆对角行列

设前一项为$q_{n-1}=r_{i,j}$，$p=i+j$，可以表示为

$$q_n = \begin{cases} r_{i+1,j-1} & p\text{为奇数，且}i<I, j>1 \\ r_{i+1,j} & p\text{为奇数，且}i<I, j=1 \\ r_{i,j+1} & p\text{为奇数，且}i=I \\ r_{i-1,j+1} & p\text{为偶数，且}i>I, j<J \\ r_{i,j+1} & p\text{为偶数，且}i=I, j<J \\ r_{i-1,j} & p\text{为偶数，且}j=J \end{cases} \quad (4\text{-}10)$$

对应的3DDP算法被称为最优行序法、最优列序法、对角扫描法等。分析算法机理可知，3DDP始终是从点集中寻找立体基面的最大偏移点，因此，保证了在既定的点子数下，综合结果总能最好地保持三维对象的立体形态。当以某种方式对地表面高程点集进行排序时，高程点集的分布由原来连续的曲面二维场收缩到沿队列的线形一维场，如图4-11所示。例如Grid DEM点集的分布由行列矩阵的二维空间，变为了沿扫描线的队列空间。采用点式排序法能够使得原来点集的高程变化在地表上某点向四周连续的态势在队列方向上尽量保持连续（空间邻近原则）。但根据Grid DEM数据的行列特点，以一定的方向直接扫描读取高程点，点列的连续性将会有所不同。我们将点列上点子的抖动程度称为其离散程度。对于起伏不大的平缓地形，点子序列的离散程度由格网的间距决定。沿行、列排序的点子，相邻点之间的最小空间距离为1倍格网间距，沿对角排序的点子，相邻点之间的最小空间距离为$\sqrt{2}$倍栅格间距。由于点子扫描的方向带有先验性，若只用一次排序的综合，有可能引起同一行、相邻列的点子在点列中远离的情况，称之为物理邻近逻辑远离现象（在三维空间的距离较近而在队列中的距离较远），如图4-11中的AB两点。那么相邻点之间的高程相似性将有可能会被这种强加的逻辑远离所掩盖，导致选取地形的主要特征点时过多保留这些信息量不大的高程点。

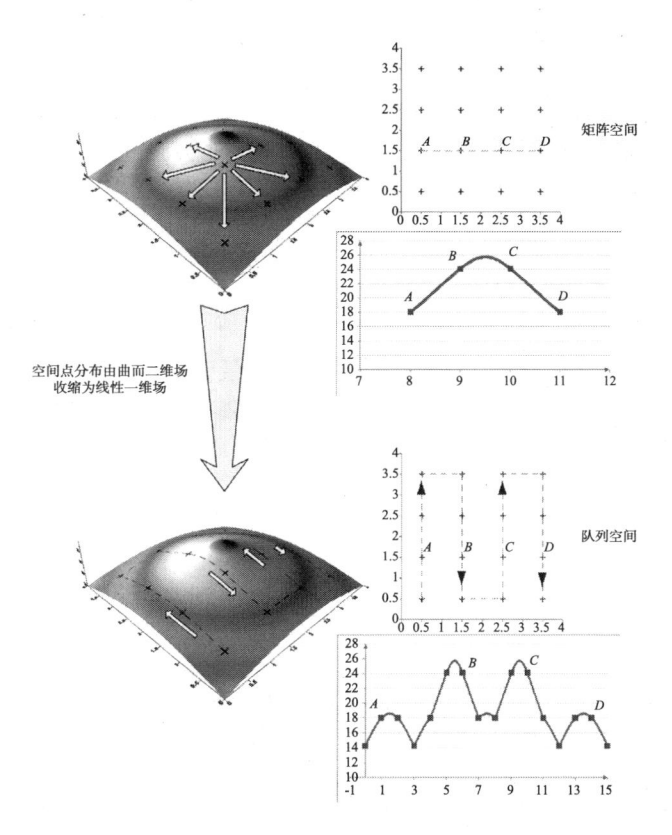

图 4-11　空间点的物理临近与逻辑远离

对于起伏剧烈的破碎地形，采用不同的排序方法，点列的离散程度将有很大差别。当扫描方向与破碎线方向一致（或近似一致）时，相应点列片段的离散程度较小。若片段中某点作为特征点被选取，由于其前后邻近高程点与该点的高程值相似，对地形的贡献效果相似，将会因为该点被选取而不那么容易再被识别出来，即"被替代"。具体的实验结果也证明了这一点，如图4-12所示。在以纵向坡为主的地形中，行扫描排序的综合结果，横向只有少数几个点被选取，而大多数点子被舍去。当扫描方向与破碎线方向正交（或近似正交），相应点列片段离散程度大。若某点作为特征点被选取，由于其前后邻近高程点与该点的高程值相去甚远，对地形的贡献效果将有很大的不同，该点被选取时，其他点仍然有可能作为特征点在下一次判断中被选中，即"被突出"。表现在图4-12（a）中，就是纵向的高程点很多都保留下来。如果扫描方向与破碎方向介于一致与正交之间，相应点列片段离散程度均匀。点列中点子"被替代"和"被突出"的作用效果相互抑制，高程点将依据其对地形的贡献效果而均匀地被选取。例如，图4-12（a、b）中行排序和列排序的综合结果，都均匀地保留了山坡上的特征点。

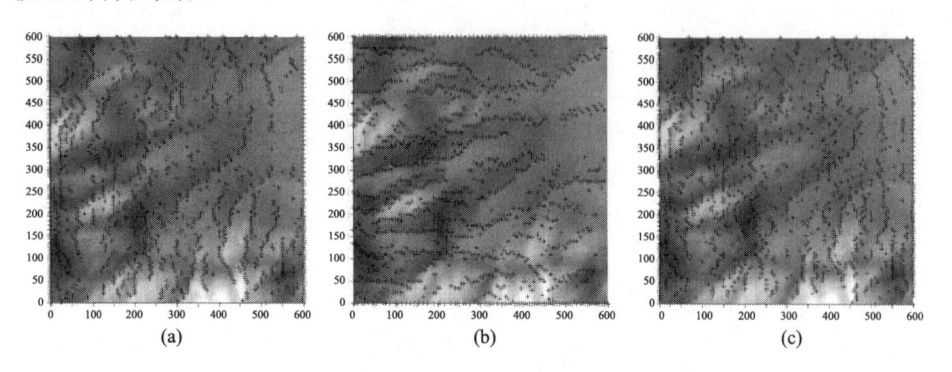

图4-12　不同排序方案的特征点选取结果

［(a) 按行扫描排序的选取结果；(b) 按列扫描排序的选取结果；(c) 先按行扫描排序选取再按列扫描排序选取的结果］

针对这种排序方向先验性带来的干扰，可以采用最优行列法对其进行消减。首先按行排序进行最优行序法综合，得到综合结果后，对提取出来的点集再按原始Grid中的列方向重新组织，并进行最优列序法的二次综合。两次综合中，第一次使用较小的综合阈值，第二次使用较大的综合阈值。经过最优行序加上最优列序的连续两次综合，有利于删除那些逻辑远离物理距离邻近的冗余点，确保被选取的特征点的都是地形信息含量最大的特征点，并且分布较均匀。

最优行列法充分利用了源数据中的行列结构特点，减少了点子排队的运算成本。用保留下来的特征点回放等高线，综合后的结果整体上与点式排序法综合得到的结果接近。以图4-13和图4-14为例，在点子数大大减少的情况下，两种方法保留的特征点集均较好地保留了西高东低的主要地貌形态。相比之下，点式排序法保留下来的点子分布具有明显的地势特点：在西边的低山地区，点子较多沿山谷线和山脊线上分布，引绘得到的等高线对地形的刻画较细腻；在东边的平原地区，地势平缓，特征点保留得较少，地形细节的概括程度性对较大。因此，当对综合结果要求不是很严格，需要优先考虑运算速度时，可以根据地形特点，设计排序的方向，除了行、列和45°角外，也可以是0°~360°的任意方向。

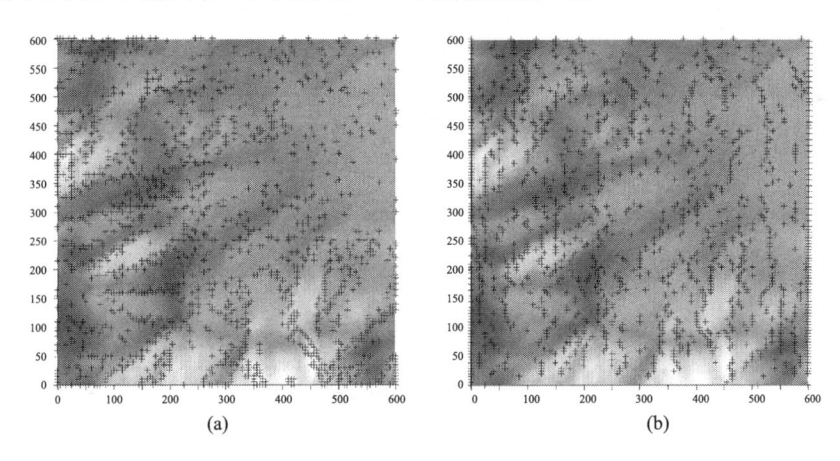

图4-13 严格法与最优行列法的特征点选取结果

[(a) 严格法的选取结果；(b) 先按行扫描排序选取再按列扫描排序选取的结果]

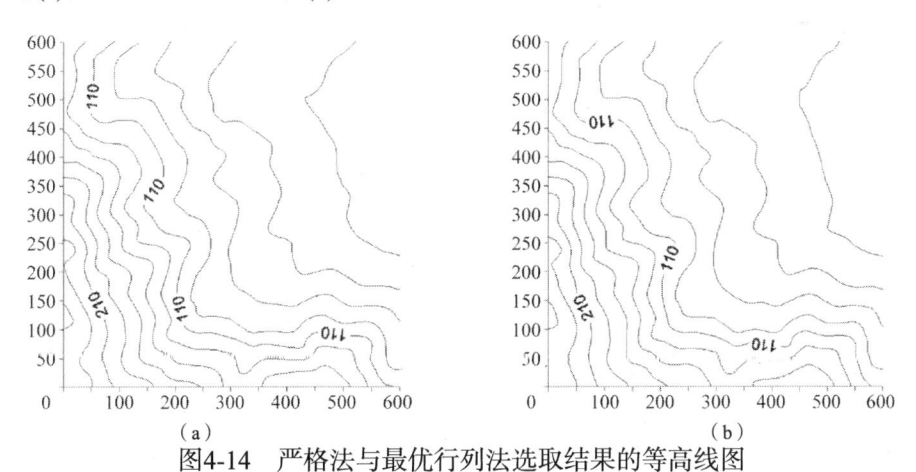

图4-14 严格法与最优行列法选取结果的等高线图

[(a) 严格法选取结果内插的等高线；(b) 先按行扫描排序选取再按列扫描排序选取结果内插的等高线]

4.2.2 等高线DEM的线式排序法

等高线DEM也是常见的DEM形式之一，由于其能够形象地刻画地形并具有可测量的特点，被认为成功解决了地图学中用二维平面表示三维连续变化现象的难题，是表示地貌形态最理想、最科学的方法（吴艳兰，2004）。根据广义DEM的观点，数字环境下的等高线DEM可以看作是沿高程相等的曲线排列的空间点的集合。换言之，等高线DEM是分布于2.5维地表的空间离散点的一种特例。单根等高线上，高程点在曲线空间中具有线形连续性，即某个等高线上的相邻点子在空间中也是相邻。对于成组等高线来说，相邻两根等高线必然不相交，若在等高线DEM的制作过程中，沿等高线采集的数字高程点间的距离小于等高距，那么按点式排序法所得到的空间点列中，将会有多个队列片段上的点序与等高线上点串的序列（顺序或逆序）一致（如图4-15所示）。在对空间点集进行排序时，我们也可以充分利用这一特性，保留沿单根等高线分布的空间点顺序，这被称为线式排序法。

（a）严格法的点列　　　　　　　　（b）线式法的点列

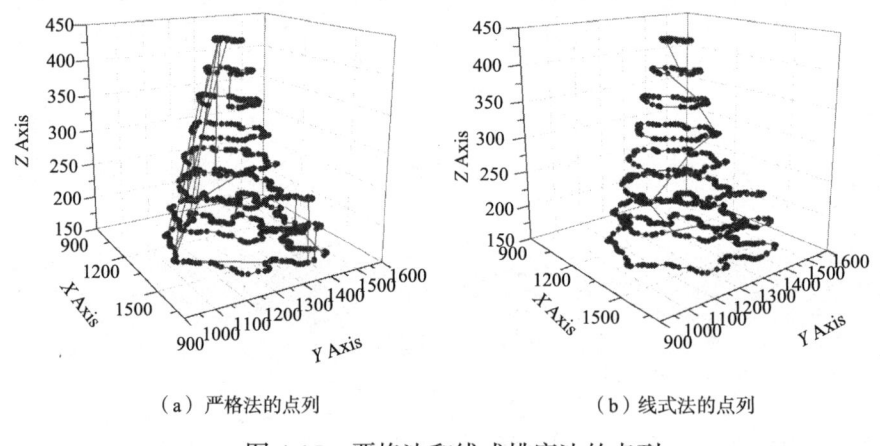

图 4-15　严格法和线式排序法的点列

事实上，在等高线DEM的生产过程中，为了保持等高线的平滑效果和精确程度，等高线点子往往采集得较密集，相对于地貌特征信息来说，存在较多冗余点。3DDP算法以保留地貌主要特征点为目的，因此，等高线上的所有高程点均被看作是地貌特征点，选取的是全部地貌特征点集之中对主要地形特征信息贡献较多的点，舍去的大量地貌特征点对主要地形信息贡献较少。根据等高线上高程点分布特点调整的空间点排队方案，并未改变特征点选取的三维判断方法。因此，综合结果保留下来的点子也能较好地对地貌的主要特征进行塑形。以图4-16为例，在保留的高程点集在点数大大减少的情况下，无论是点式排序还是线式排序，仍然保留了大部分的地貌特征信息。两种综合方法效果大同小异。全局上的地形表面的主要脊部均被保留，局部破碎的次要山头被舍去，尤其是相对平坦的区域，细节被概括的程度更大。将没有进行抽稀处理的等高线综合结果与原始等高线进行对比可知：一方面等高线组的弯曲走向被正确保留了下来；另一方面刻画地形微小起伏的抖动被抑制。等高线形的变形也充分兼顾了周围的地形特征，具有较好的地理适应性。

与前述的Grid DEM扫描排序法类似。在沿等高线分布的点子间距小于相邻等高线间距的前提下，线式综合无须依次计算空间点之间的三维距离对点集进行排序，而是充分利用了等高线上点的物理邻近特性，直接保留高程点沿等高线的排列顺序。在相同的计算机软硬件条件下，线式排序法的综合耗时明显减少（图4-16中，严格法综合耗时约为71.13s，线式法排序耗时约为2.80s）。因此，当需要快速获得综合效果时，可以考虑采用线式综合方法进行加速。

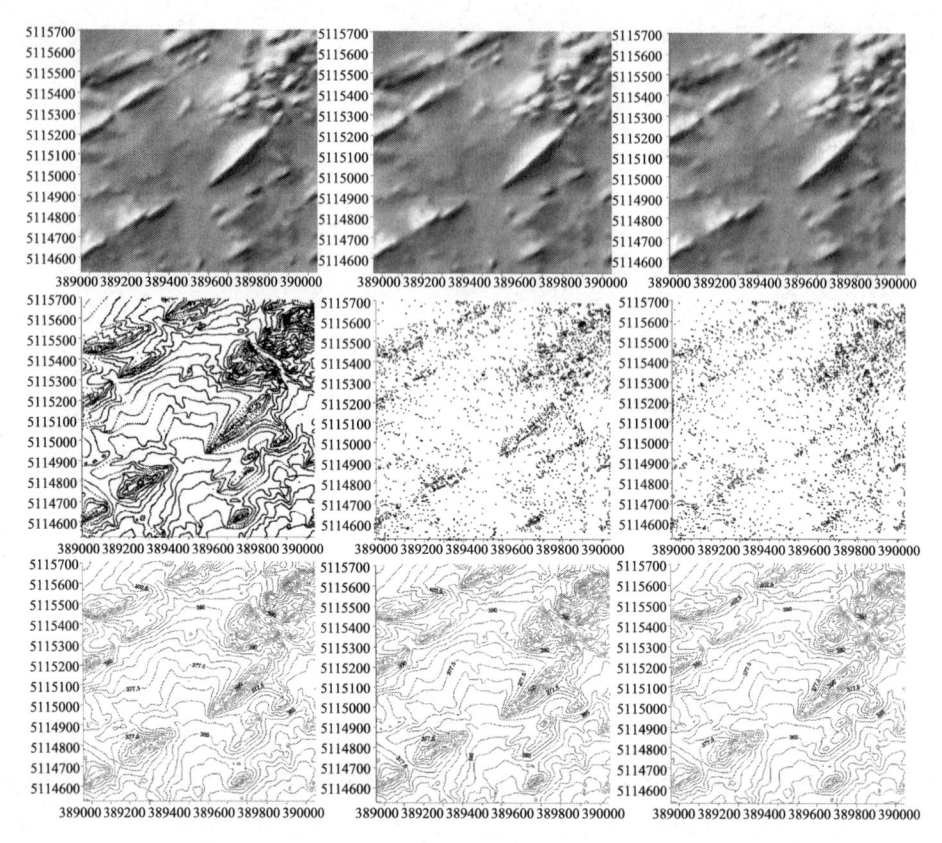

图4-16　原始数据、严格法的综合结果和线式排序法的综合结果

[左：原始数据。中：严格法综合结果(保留25%的特征点)。右：线式排序法综合结果(保留25%的特征点)]

必须注意，等高线DEM只有以成组等高线的方式对地形的描述才是有效的。毋河海（2000）将等高线之间的关系归纳为包含和并列两种关系。采用线式法对等高线DEM的空间点集排序时，在相邻等高线或相包含等高线及断裂等高线两端，将会出现大跨度跳跃的情况。这是由于等高线DEM本身的数据特点引起的。针对这种现象，作者采用了孤独指数加权的方法来消除其对综合结果的影响。

4.2.3 孤独指数加权

空间点列一旦形成，初始点集的离散分布空间将被压缩为队列双向空间，各点沿队列逻辑相邻。逻辑相邻关系和物理相邻关系是有区别的。队列上介于两点之间的点的数量反映这两点逻辑距离的远近。根据离散点排序方法，队列中的某一点$P(i)$到前一点$P(i-1)$的空间距离不大于该点之后所有各点$P(i+k)$到点$P(i-1)$的空间距离。这样的相邻关系有时并不能保证点$P(i)$到点$P(i-1)$的距离是原始离散点中所有点到$P(i-1)$的距离最短的。因此，有可能出现点子逻辑邻近物理远离或逻辑远离物理邻近的情况。对此，费立凡（2008）用局部"孤独性"来描述在队列片段点子内逻辑相邻而物理远离的现象。当我们对点子成串删除时，有时会删除相互远离的特征点。为了在离散点的取舍中同时考虑其物理相邻和逻辑相邻，可以将空间点在当前锚点和当前漂浮点之间的队列片段中的局部孤独指数作为点面距的附加权。

对于给定点集，空间点的"孤独性"是确定的。当空间点越远离周围的点，该点越"孤独"。排序后，虽然空间点被重新组织，但是点子在队列中的孤独性也是确定的。这种孤独性既包括队列空间的全局孤独性，也包括队列片段空间的局部孤独性。局部孤独性与全局孤独性一致。然而，局部的孤独只是相对的孤独，并不能很好地表示点子排序后在整个队列中的大跨度跳跃。若在每次选择特征点时都重新计算局部孤独性，一方面孤独性的判断片面，另一方面也将大大增加运算成本。全局孤独指数可以通过如下方法计算，即

$$W_k - \frac{L_{P(k-1)P(k)} + L_{P(k)P(k+1)}}{\dfrac{2}{n-1}\sum_{i=1}^{n-1} L_{P(i)P(i+1)}} \tag{4-11}$$

式中：W_k为点P_k的全局孤独指数；L表示两点之间的空间距离，n为构成全局空间的点队列的个数。分母是高程点列所有三维连线的平均长

度的两倍；分子标量了当前点到前后逻辑相邻的两个点的三维距离之和。因此，若点列上的所有高程点均匀分布，W_k 最理想的实验值等于1。

考虑孤独性的地貌特征点的选取，即首先计算高程点的孤独指数，获得加权点面距，用加权点面距与预先的选取阈值比较，作为决定点子取舍的依据。加权点面距的计算公式为

$$D_k = d_k \times (c \times W_k + 1) \quad (4-12)$$

其中：D_k 表示决定特征点选取的加权点面距；d_k 为点 P_k 到当前基面的实际点面距；c 为孤独系数，用于控制孤独性在特征点选取中的影响，需据原始数据采样密度的均匀性来确定。

在选取点子数相同的情况下，孤独指数引入了对地表高程点在空间队列中"孤独性"的考虑，不同的孤独系数将会重新分配高程点被选取的可能性。为了突出孤独指数对特征点选取的影响，我们考察选取10%的高程点对地貌特征的保留情况。试验地形为阶梯状层次抬升结构，东部区域是平坦的抬升高地，西部区域为平坦下陷低地，中部为高地与低地之间的过渡区域，属于台阶状凸形坡，从中北部和南部地形变化较剧烈。如图4-17所示，孤独系数分别取0、0.1、0.5、1、10，在点子数极大减少的情况下，地形的阶梯状层次抬升结构特征都能较好地保持。相比之下，A区的平坦高地对微地貌的表达，随着孤独指数的增加呈现先逐渐细腻后逐步概括的态势，孤独指数为1时略优于其他取值的情况。B区为西北朝向的凸形斜坡，坡顶处的地形信息在孤独指数取0和0.1时突变较大，取0.5、1和10时，坡顶与A区的高地过渡自然，细节刻画细腻。中部北的D区和C区是二级层次抬升阶梯地形，C区的地形变化更为剧烈。孤独指数取0、0.1和0.5时细节逐渐丰富，取1时效果达到相对最好，取10时D区的第二级台阶细节与A、B、C区的概括情况稍欠平衡。通过对比可知，高程点的空间位置对地貌形态的贡献程度决定了高程点是否作为地貌特征点被选取，而孤独指数对高程点的选取起到了微调的作用，适当的孤独系数可以优化地貌综合

效果。并且，孤独系数的设置随着数值的增大有一定的最优逼近范围，如何选择孤独系数，以达到细节刻画和整体概括效果的平衡，还有待进一步研究。

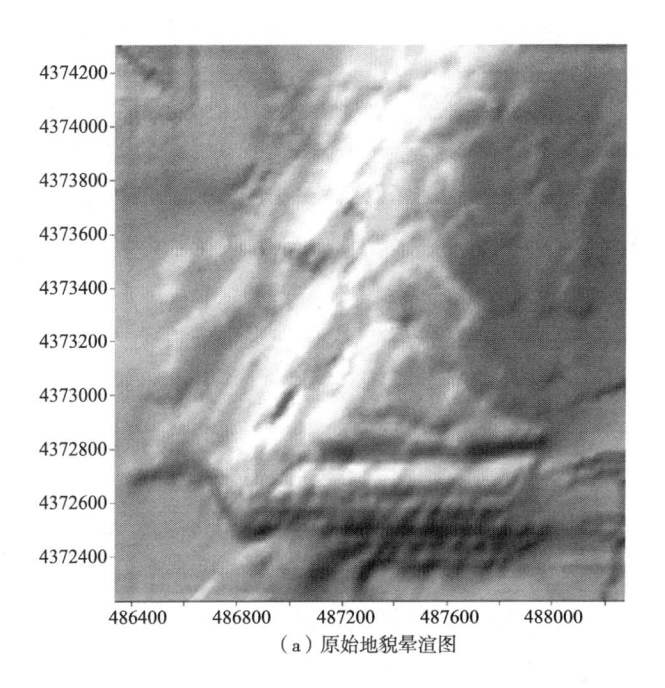

（a）原始地貌晕渲图

图4-17 采用不同孤独指数的综合结果

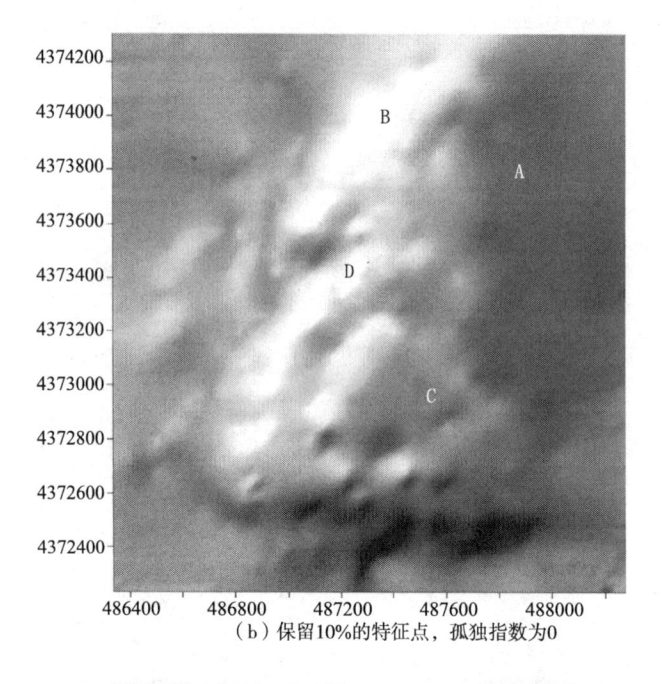

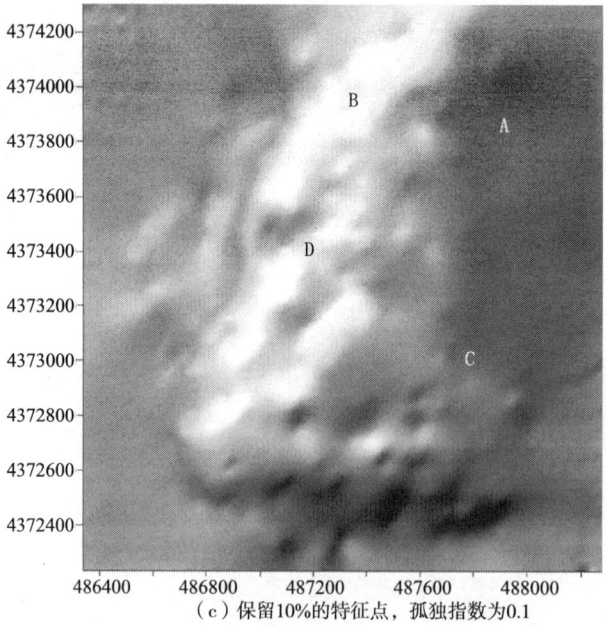

(b) 保留10%的特征点，孤独指数为0

(c) 保留10%的特征点，孤独指数为0.1

图4-17 采用不同孤独指数的综合结果（续）

(d)保留10%的特征点,孤独指数为0.5

(e)保留10%的特征点,孤独指数为1

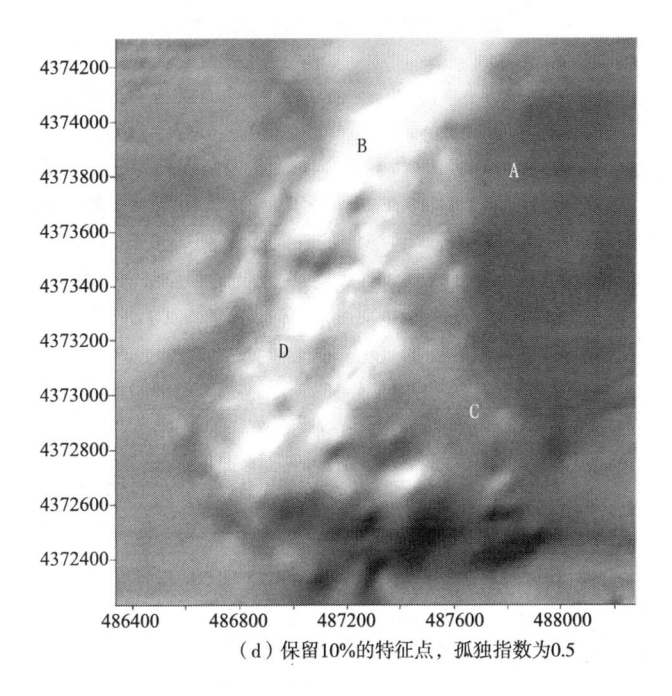

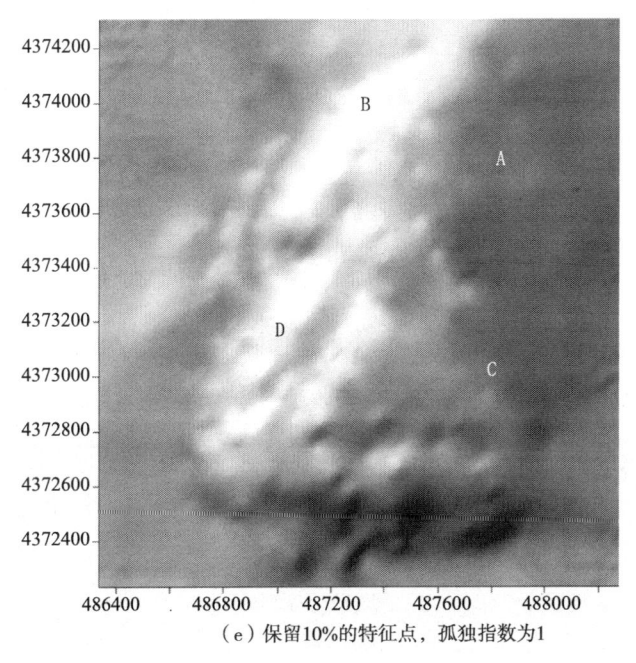

图4-17 采用不同孤独指数的综合结果(续)

（f）保留10%的特征点，孤独指数为10

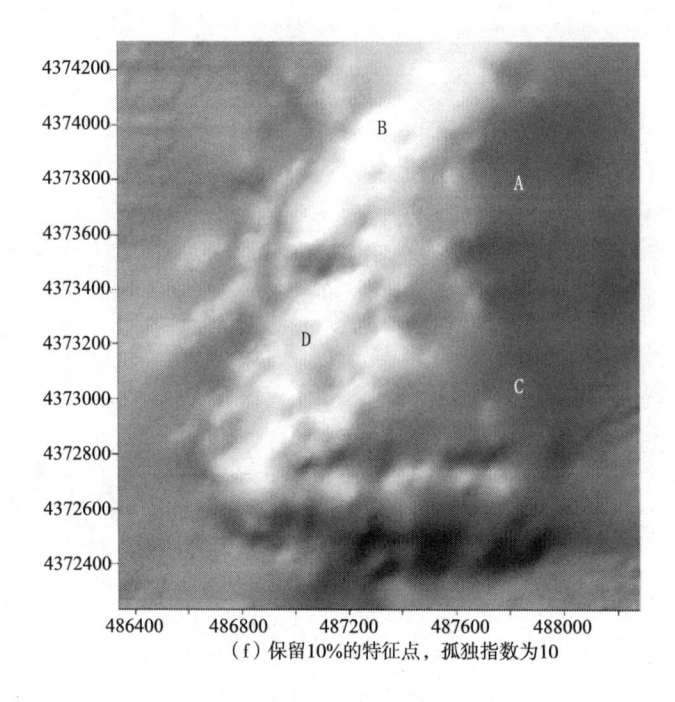

图4-17　采用不同孤独指数的综合结果（续）

4.3　基于视觉辨析的特征选取

3DDP算法构造基面相当于提供了"视平面"，去"端详"地表形态（费立凡，2006），这形象地比喻了算法选择特征点的机理。寻找特征点即是寻找相对于"视平面"距离最大的视觉敏感点。原点和基平面作为空间分析的"视点"和"视平面"，要求基平面能够较好地反映研究对象空间点集所表示的地表总体趋势，并且能够全面客观地观察地貌对象。这种视觉感知的观点，也符合综合中人们对空间现象的认知规律。

4.3.1　趋势面模型

3DDP算法构造初始基平面时，根据矢量积绝对值最大原则寻找原点和初始锚点、初始漂浮点，由这三个点构成的三角形面积将是点集中任意三个点构成的三角形中面积最大的。这三个点确定的平面，相当于具有最大的"视野"。刘敏（2007）通过实验分析了初始基面对地形特征点识别的敏感度，指出以高程平均值构造的基面与以地形走势构造的基面，其综合效果相似。费立凡（2008）论证了在数据点离散的情况下，对稍有差异的第一基面进行3DDP的DEM综合，总体结果差异不大，甚至可能得到完全相同的结果。

在对大地形数据进行分析时，研究区域的地表往往延伸范围远大于垂直起伏范围，可通过寻找最大地形趋势平面的方法来构造初始基平面。先求出点集的x、y、z最大值和最小值，从离散点集中筛选出三维坐标值包含其中之一的点作为候选点试作原点，获得矢量积绝对值最大，则对应的点便可确定为原点，另外两点分别作为初始锚点和初始漂浮点。采用3DDP的分治法，初始锚点与初始漂浮点的选取与这两点的顺序无关。挑选出特征点后，该特征点将作为分裂点把点列分为两个部分，因此，初始锚点和初始漂浮点始终是队列的端点之一，其顺序对特征点的选取影响不大。我们把通过计算高程点全集矢量积最大的方法称为严格法，而把这种以x、y、z极值确定原点、初始锚点和初始漂浮点的综合方法称为凸包法。

对于Grid DEM的数据点规则格网阵列（Regular Square Grid，RSG），指定RSG的左下角为原点，正右方模为RSG横边长的矢量为初始锚矢量，正前方模为RSG纵边长的矢量为初始漂浮矢量，用指定的初始锚矢量和初始漂浮矢量来构造初的始基平面，也能近似表达地表趋势面。实验表明，对地表趋势面呈水平或抛物线的地貌，凭经验用RSG最大边长的矢量构造第一基平面，能够明显提高运算效率。其他形式的DEM也可类似地从高程点子的分布边界处指定原点、初始锚点和初始漂浮点（如图4-18所示）。这种凭经验指定原点、初始锚点和初始漂浮点的综合方法被称为经验基面法，综合结果如图4-19和图4-20所示。

经验下基面法：
原点为O_1，锚点为A_1，漂浮点为B_1
经验中基面法：
原点为O_2，锚点为A_2，漂浮点为B_2
经验上基面法：
原点为O_3，锚点为A_3，漂浮点为B_3
松弛法：
  原点从包含x_{min}、y_{min}、z_{min}、x_{max}、y_{max}、z_{max}的高程点子集中寻找，锚点和漂浮点在高程点全集中寻找，使得锚矢量和漂浮矢量的矢量积绝对值最大。

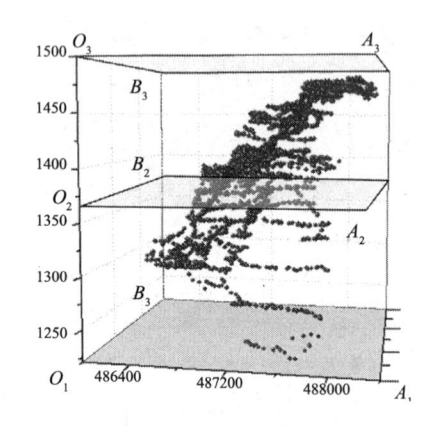

图4-18 各种经验基面的选择

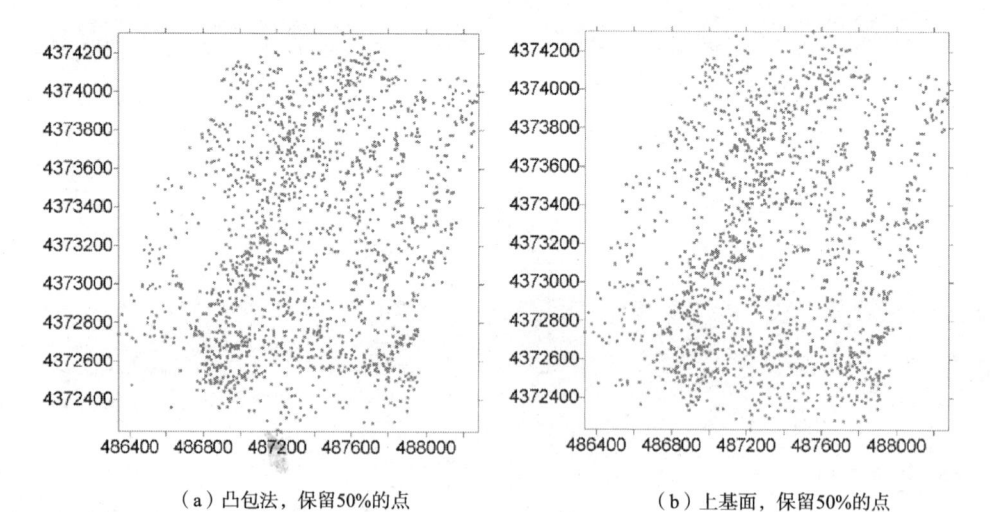

（a）凸包法，保留50%的点 　　（b）上基面，保留50%的点

图4-19 采用不同基面的特征点选取结果

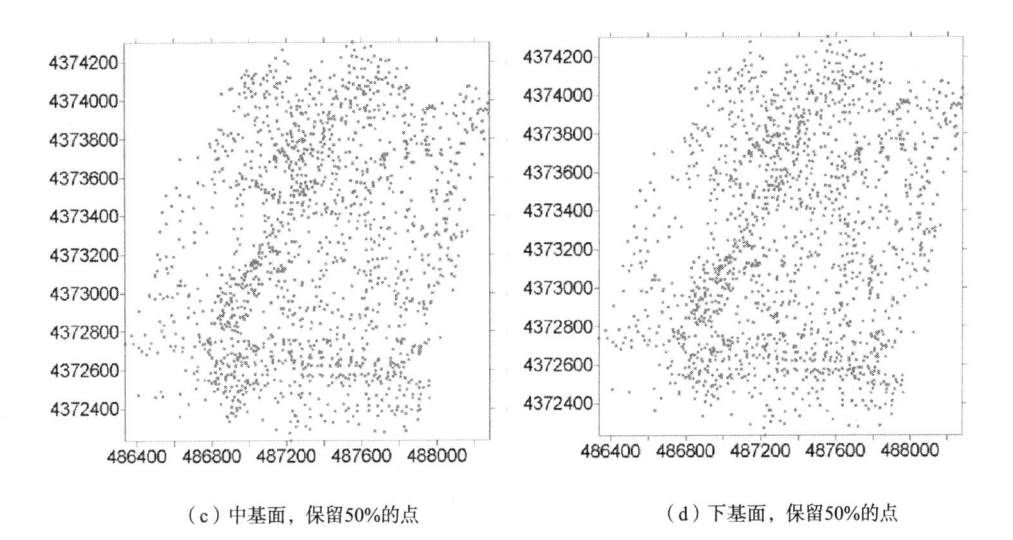

（c）中基面，保留50%的点   （d）下基面，保留50%的点

图4-19　采用不同基面的特征点选取结果（续）

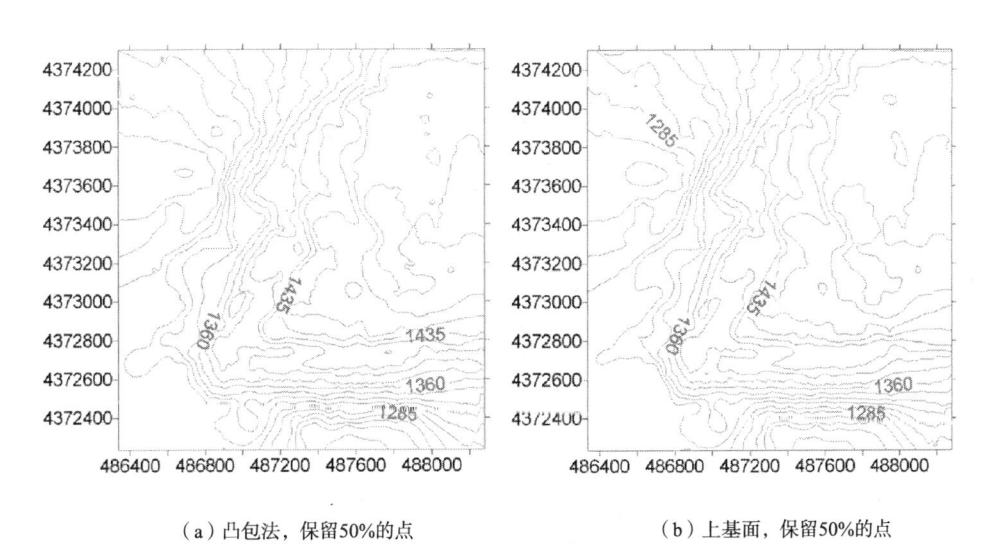

（a）凸包法，保留50%的点   （b）上基面，保留50%的点

图4-20　采用不同基面的特征点回放的等高线图

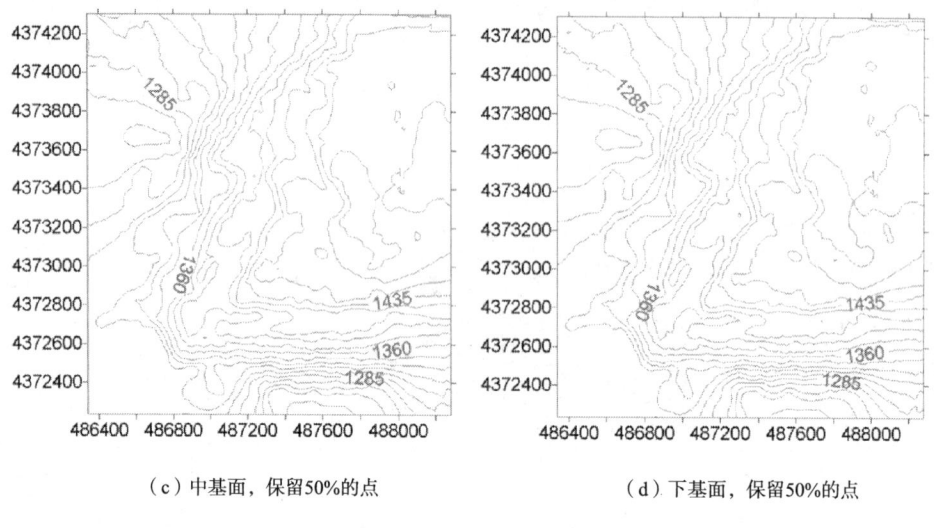

(c) 中基面，保留50%的点　　　　　　(d) 下基面，保留50%的点

图4-20　采用不同基面的特征点回放的等高线图（续）

4.3.2　多视角模型

综合过程中构造的基面始终经过原点。作者就原点的凭经验指定作了进一步考虑。无论是构造初始基平面还是构造中间基平面的过程中，原点一旦确定便不再移动。又由于锚矢量和漂浮矢量必然经过原点，将会产生这样的必然结果：每次构造的基平面总会经过原点，基平面的集合呈现从原点发散的现象（如图4-21所示）。在计算点面距时，靠近原点的点子因其点面距较小而无法被选中，相比较之下，远离原点的点子点面距较大往往更容易被选上。当基平面改变时，由于原点的空间位置是固定的，无论锚点和漂浮点如何移动到新的位置，基平面总是围绕着原点旋转，导致靠近原点的点子始终较近。若点子与原点的空间距离小于给定的综合阈值，那么该点最终必然不能作为特征点而被选中。就像人的眼睛总是无法看到自己眼皮底下的物体，点亮的蜡烛照亮了远处却在脚下留下阴影，我们将这种现象称为"灯下黑"。地貌形态复杂多样，并不总是和缓变化的，若原点选在了地表面起伏变化剧烈的区域，那么原点附近表达地貌细节的高

程点大多数将无法被识别出来,"视平面"失去了应有的作用。

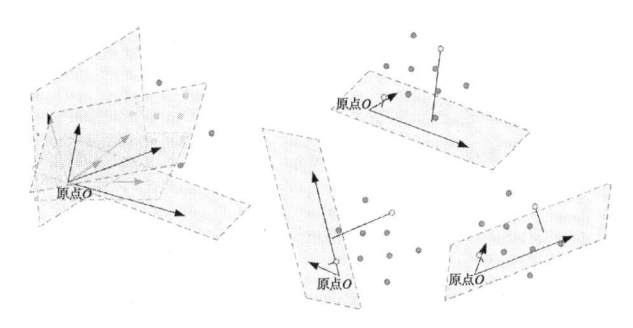

图4-21　固定原点的灯下黑现象

固定单原点构造基平面去观察地貌,这种情况就如同"盲人摸象"。不同的是,大多数"盲人"在面对完全陌生的研究对象时,往往比较容易觉察最接近自己的(某一局部)特征,却无法对远处的特征有全面的认识。而单原点3DDP算法"看"到的却是远离原点的地貌特征,忽略了原点近处的地貌特征。为了避免"灯下黑"现象引起的特征点选取不均匀,可以采用多个原点从不同的角度"观察"地貌特征点,有三角模型、立方模型两种。

(1)三角模型

我们在构建初始基平面时,首先确定了原点、初始锚点和初始漂浮点,对应的初始锚矢量和初始漂浮矢量确定的初始基平面代表了地形表面的最佳(近似最佳)趋势平面。三角模型是指将原点、初始锚点和初始漂浮点纳入一个原点组,依次作为原点,对点集进行特征点选取,这又被称为"原点旋转"(如图4-22所示)。

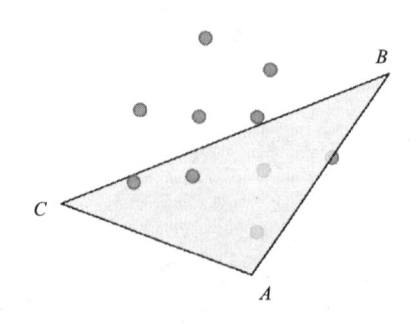

图4-22 三角模型确定原点和初始基平面的漂浮与漂浮点

将原始高程点集设为P，进行3DDP综合结果点集设为G，有$G \subseteq P$。若构造初始基平面的三个点分别计作ABC，则得到原点集$O=\{A,B,C\}$。设原点为$origin$，初始锚点为$ancher$，漂浮点为$float$，那么有$origin \in O$，$ancher \in O$，$float \in O$，且$origin \neq ancher \neq float$，综合后得到的结果点集为$gen(origin, ancher, float)$，那么有属于任何$gen(origin, ancher, float)$的所有点及其子集都属于$G$，因此，$G=I\{g(origin, ancher, float): origin, ancher, float \in O$ 且 $origin \neq ancher \neq float\}$。

具体来说，综合结果由三部分组成：①以A为原点，B、C分别为初始锚点和初始漂浮点，得到综合结果g_1；②以B为原点，C、A分别为初始锚点和初始漂浮点，得到综合结果g_2；③以C为原点，A、B分为初始锚点和初始漂浮点，得到综合结果g_3。即综合结果为g_1、g_2、g_3的并集。

（2）立方模型

对于原始高程点集P，总能得到一个立方体$CUB(P)$将离散点集合框定其中，那么立方体的8个角点组成一个集合C，以角点集作为原点集，即$O=C$，设原点为$origin$，初始锚点为$ancher$，漂浮点为$float$，那么有$origin \in O$，$ancher \in O$，$float \in O$，且$origin \neq ancher \neq float$，进行3DDP综合结果点集记作$G$，综合后得到的结果点集为$gen(origin, ancher, float)$，那么属于任何$gen(origin, ancher, float)$的所有点及其子集都属于G，因此，G=U{g(origin, ancher, float)：origin, ancher, float∈O且origin≠ancher≠float}。

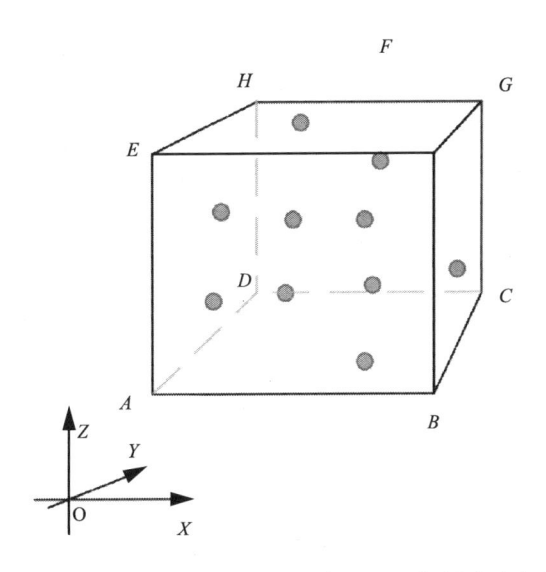

图4-23 立方模型确定原点和初始基平面的锚点与漂浮点

设点集中x、y、z的极值分别为x_{min}、y_{min}、z_{min}、x_{max}、y_{max}、z_{max}，以x_{min}、y_{min}、z_{min}、x_{max}、y_{max}、z_{max}唯一确定的空间立方体作为研究的对象空间，我们可以设计对角法、立方法、全视法等多种综合方法。

对角法：分别以两组原点、初始锚点和初始漂浮点进行综合，各组对应的初始漂浮矢量相互平行且方向相反。如B为原点，C为初始锚点，A为初始漂浮点，得到综合结果g_1；以H为原点，E为初始锚点，G为初始漂浮点，得到综合结果g_2。综合结果为g_1与g_2的并集。这种方法又被称为二合一法。

立方法：我们以立方体内空间为正空间，立方体外为负空间，选取初始锚点和初始漂浮点时，使得初始锚矢量与初始漂浮矢量的积指向立方体正空间。以B为原点，C为初始锚点，A为初始漂浮点，得到综合结果g_1；以G为原点，F为初始锚点，H为初始漂浮点，得到综合结果g_2；以E为原点，H为初始锚点，F为初始漂浮点，得到综合结果g_3。综合结果为g_1、g_2和g_3的并集。这种方法又被称为三合一法。

全视法：分别以立方体的每个角点为原点，每个面为初始基面，使得初始锚矢量与初始漂浮矢量形成的矢量积方向指向立方体内部，将得到24组原点、初始锚点和初始漂浮点（如表4-1所示），对应得到24组中间综合结果，对其求并集。这种方法又被称为二十四合一法。

表4-1 全视法的原点和初始锚点与初始漂浮点

特征点子集	原点	锚点	漂浮点	特征点子集	原点	锚点	漂浮点
g_1	A	B	D	g_{13}	E	H	F
g_2	A	D	E	g_{14}	E	F	A
g_3	A	E	B	g_{15}	E	A	H
g_4	B	C	A	g_{16}	F	E	G
g_5	B	A	F	g_{17}	F	G	B
g_6	B	F	C	g_{18}	F	B	E
g_7	C	D	B	g_{19}	G	F	H
g_8	C	B	G	g_{20}	G	H	C
g_9	C	G	D	g_{21}	G	C	F
g_{10}	D	A	C	g_{22}	H	G	E
g_{11}	D	C	H	g_{23}	H	E	D
g_{12}	D	H	A	g_{24}	H	D	G

选用哪一种原点、初始锚点和初始漂浮点的选择方案，可依据地貌的复杂情况、对综合质量和运算时间的要求决定。

我们采用不规则离散分布的模拟实验数据，验证多视角特征点选取的算法效果。由于地貌形态的连续性，沿地表分布的高程采样点，随着相互之间距离的远近而表现出强正相关的特点。为了便于比较，实验时，模拟数据的点子离散程度强烈，水平方向分布均匀，竖直方向抖动剧烈，拟合的地表曲面起伏复杂，山顶点、山脊点和谷底点特征突出（如图4-24所示）。这样，每一个高程点都表达了丰富的地形信息，任何点子的删除将会敏感地引起地貌的明显变形。

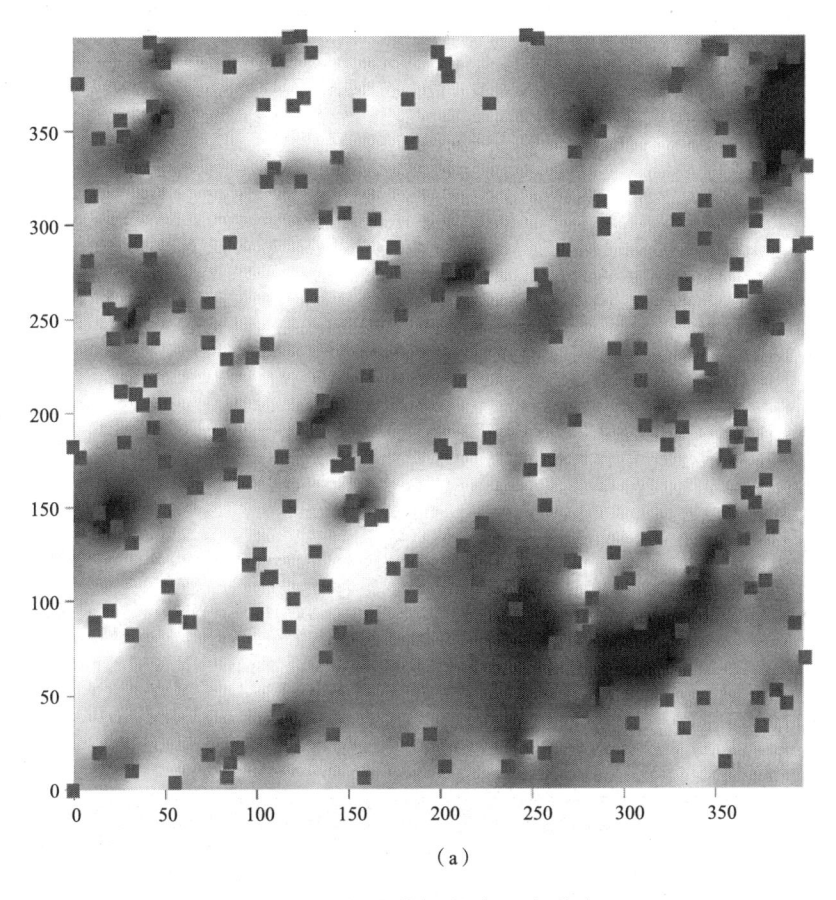

（a）

图4-24 实验数据的高程点分布

广义DEM与地貌水系一体化综合

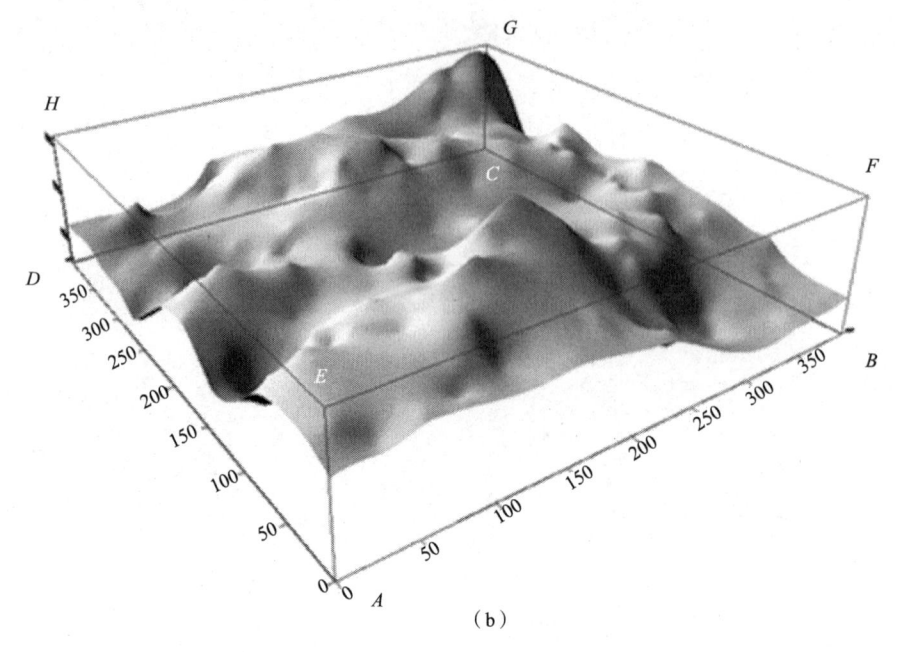

(b)

图4-24 实验数据的高程点分布（续）
[(a) 高程点分布；(b) 拟合表面三维晕渲图]

采用一个基平面，不同的原点，即初始基平面相同，但"视点"不同；并且，由于初始锚点和浮点不同，点子的排序也不同。控制被选取的点子数为原始数据的50%。原点、初始锚点和初始漂浮点的确定如下。

Down1:原点——B，初始锚点——A，初始漂浮点——C。

Down2:原点——C，初始锚点——B，初始漂浮点——D。

Down3:原点——D，初始锚点——C，初始漂浮点——A。

Down4:原点——A，初始锚点——D，初始漂浮点——B。

图4-25中深色表示原始高程点，浅色表示被选取的高程点。不同的视点，得到的综合结果，点子分布有差异。采用B为视点时，对于地形中靠近B处较低地貌被综合得较大（如图4-26中各子图的1区）。采用C作为视点时，靠近C处地形高度相对较高，所以点子数仍然有一定保留，但是，以沿CA方向的较低处（如图4-26中各子图的2区），地形的细节也被较大地概括。相同的情况，在分别以D和A作为视点的实验结果中也有体

现（见图4-26中各子图的3区和4区）。实验证明了"灯下黑"现象的存在。但对于总体地貌而言，中部西北—东南方向和西南—东北方向的山脊走向和东南角陡崖的深切形态均能较好地保留。

（a）Down1基面，保留50%的点

（b）Down4基面，保留50%的点

（c）Down3基面，保留50%的点

（d）Down4基面，保留50%的点

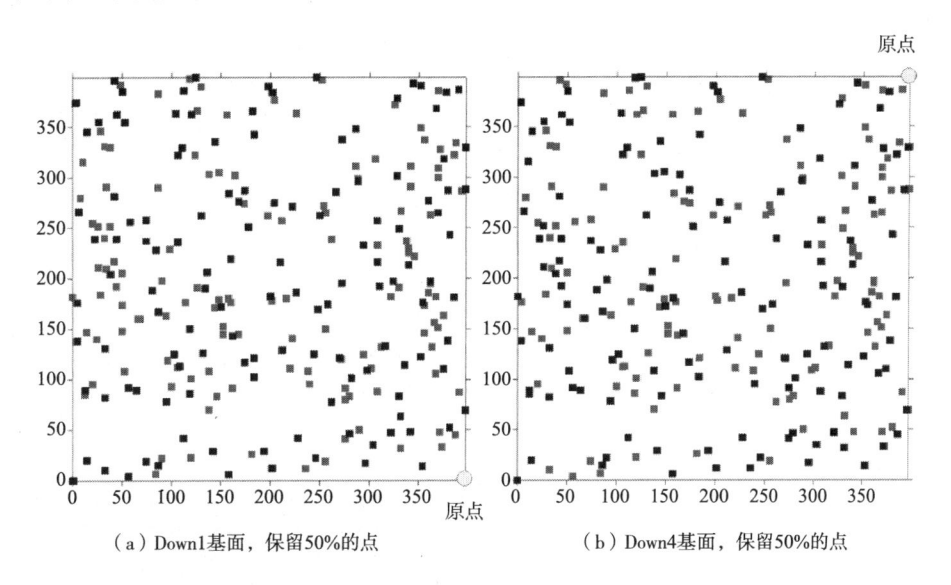

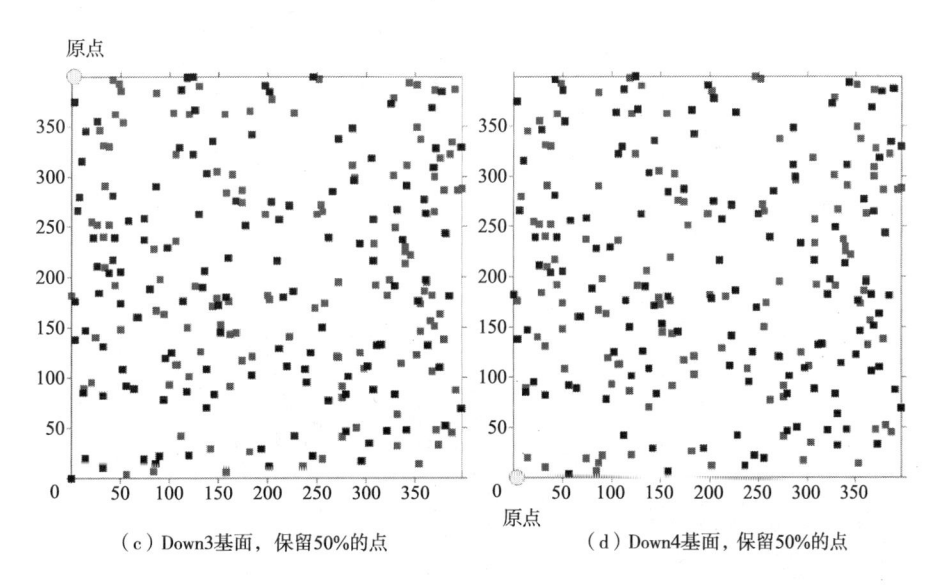

图4-25　不同原点，相同初始基平面的特征点选取结果

（a）Down1基面，保留50%的点

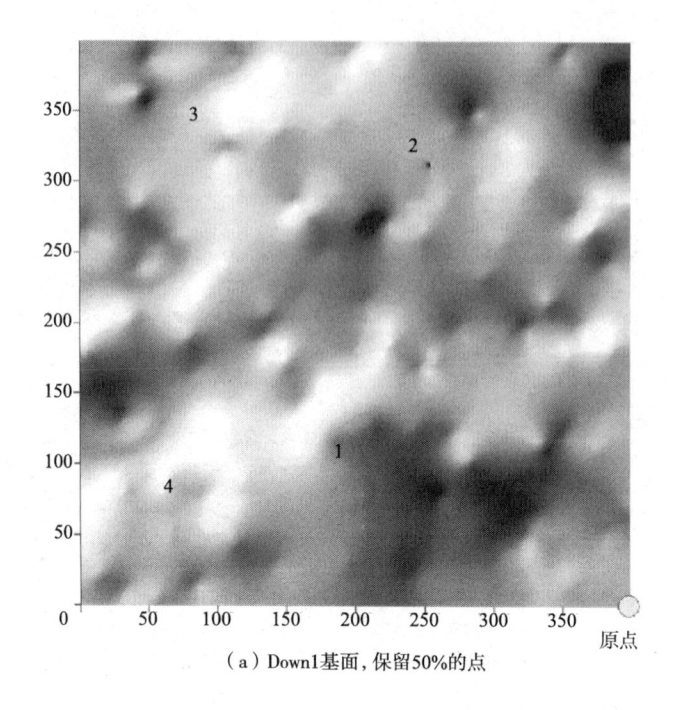

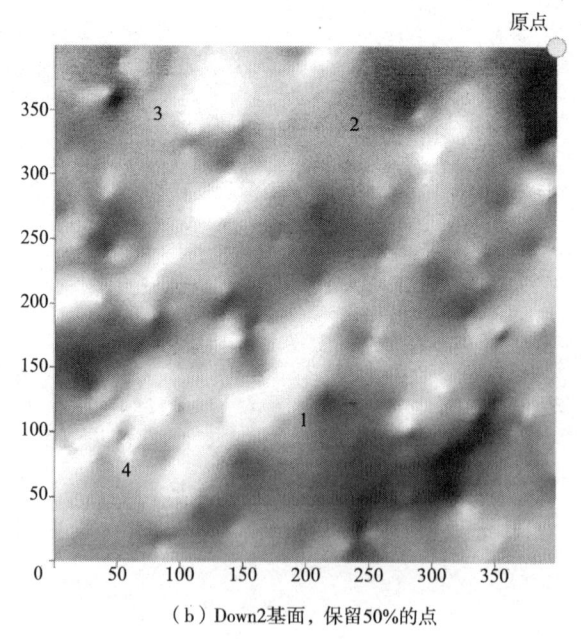

（b）Down2基面，保留50%的点

图 4-26　不同原点，相同初始基平面的地貌综合结果

(c) Down3基面,保留50%的点

(d) Down4基面,保留50%的点

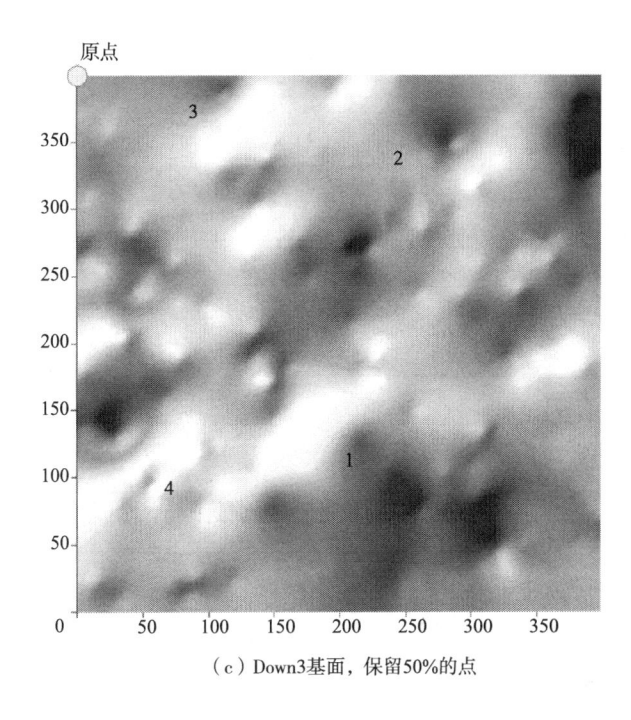

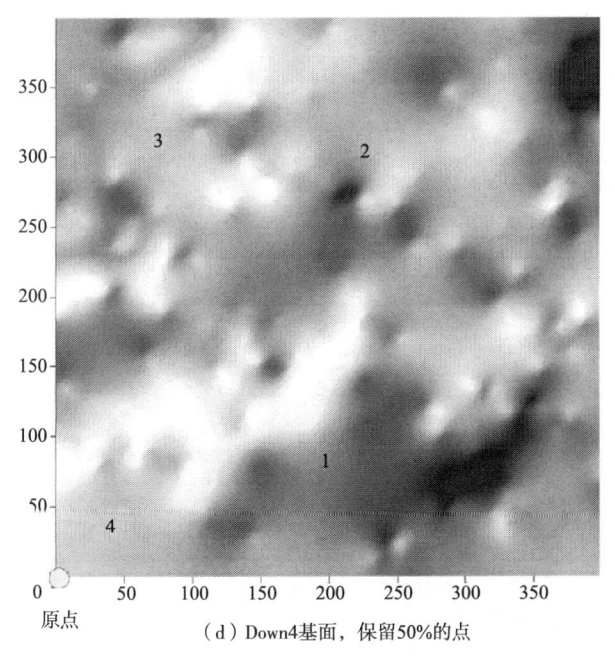

图 4-26　不同原点,相同初始基平面的地貌综合结果(续)

鉴于"灯下黑"现象的存在，分别使用严格法、凸包法、立方法和对角法选取地表高程点，点子选取率为50%，如图4-27所示。

立方法的原点、初始锚点和初始漂浮点为：

①原点1——B，初始锚点1——A，初始漂浮点——C；

②原点2——E，初始锚点2——H，初始漂浮点——A；

③原点3——G，初始锚点3——C，初始漂浮点——H。

对角法的原点、初始锚点和初始漂浮点为：

①原点1——B，初始锚点1——A，初始漂浮点1——C；

②原点2——H，初始锚点2——G，初始漂浮点2——E。

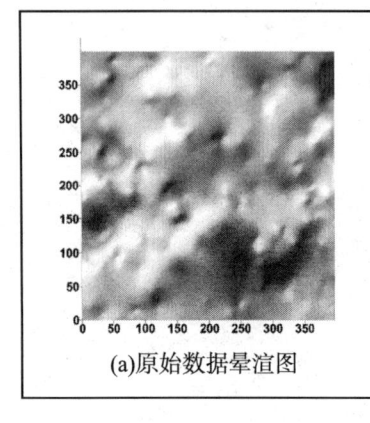

	严格法	凸包法	立方法	对角法
初始综合阈值/m	20	20	20	20
保留点子数/个	127	129	128	127
所需时间/s	6.92	0.32	0.33	0.23

(a)原始数据晕渲图

图4-27 采用不同基平面的地貌综合结果

(b)严格法综合结果

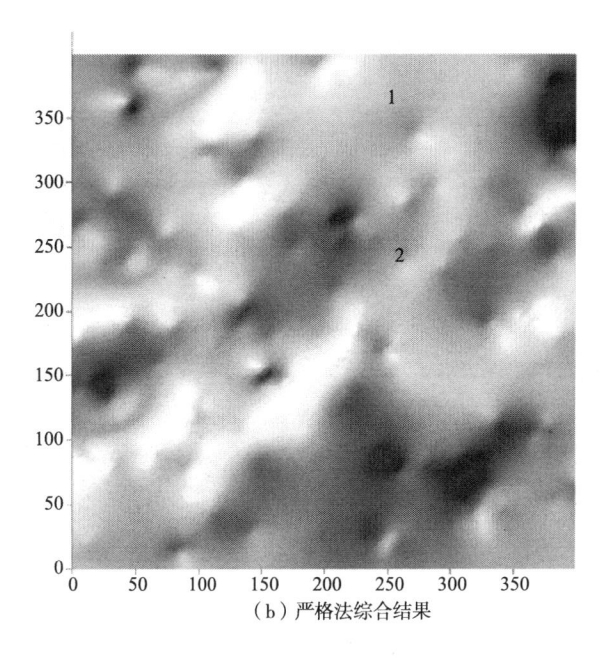

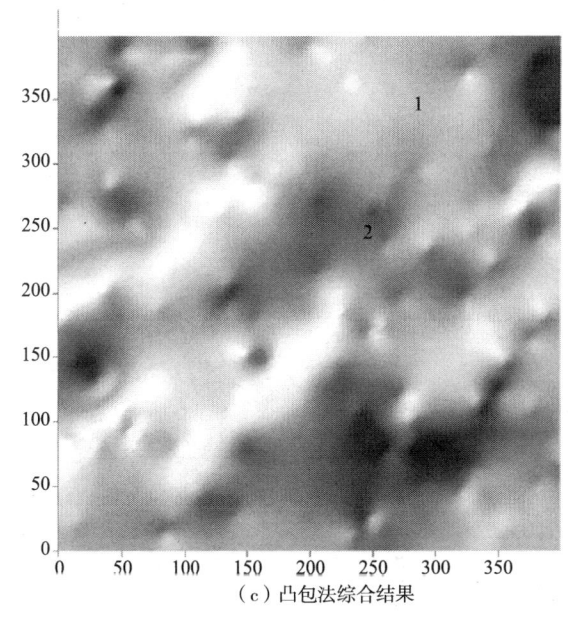

(c)凸包法综合结果

图 4-27 采用不同基平面的地貌综合结果（续）

广义DEM与地貌水系一体化综合

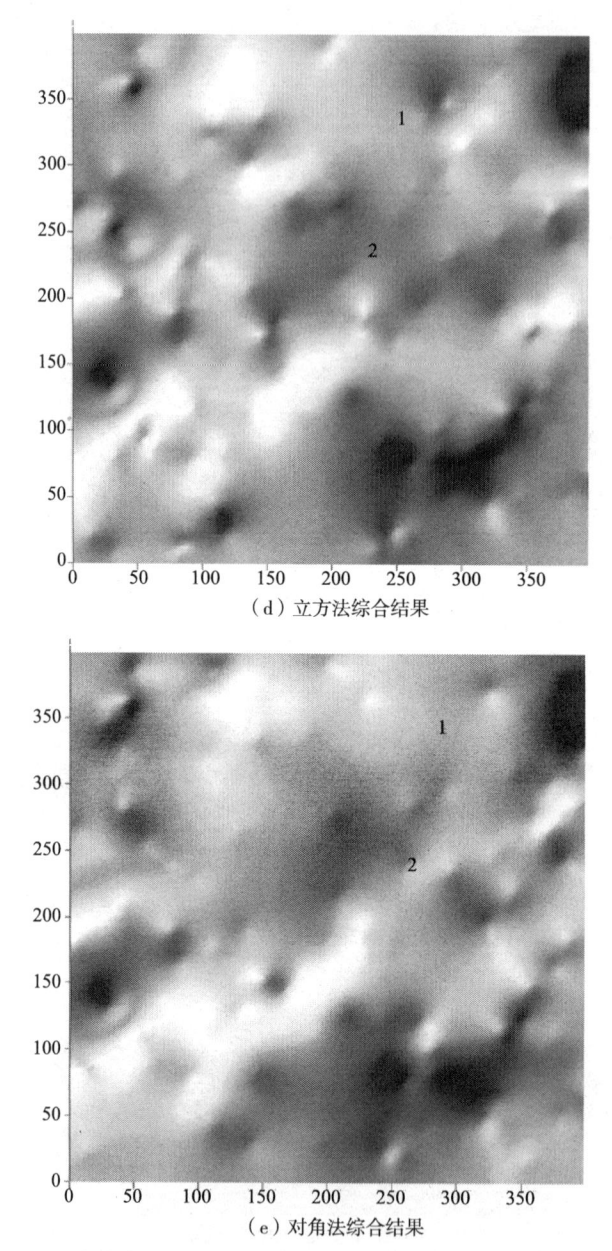

(d) 立方法综合结果

(e) 对角法综合结果

图 4-27 采用不同基平面的地貌综合结果（续）

  严格法从整体对空间点进行分析计算，找出了矢量积最大的对应三个点，分别作为初始原点、锚点和浮点，可以看到，这个方法具有全局性，所以，综合效果较好。凸包法是对严格法的加速，大大缩短了寻找初始原点、锚点和浮点的时间，却也能较好地保留主要地貌特征。但由于都是采用一个视点，无法克服"灯下黑"现象。采用立方法（三合一法），能明显地保高留低，因为压缩比的限制，较高地貌和较低地貌之间的细节被省略。对角法采用分布于立方体对角线的两个视点来对地形进行综合，速度上有提高（计算机运行环境对运算速度有影响，但多次试验表明对角线法最坏情况下速度与三合一法持平）。从理论上讲，对角法也可克服"灯下黑"现象，但是在效果上不如三合一，所以可以在综合考虑效果和时间成本后，确定是否应实施该方案。

4.4 特征点提取的分块法加速

通过分析可知，若原始数据集包含 n 个高程点，采用3DDP算法之严格法寻找原点和初始锚点、初始漂浮点的运算复杂度为 $O(n^3)$，依据三维空间距离最近原则对不规则分布的高程点进行排序的运算复杂度也有 $O(n^2)$，采用分而治之的方法递归地从整体到局部选取特征点，计算点面距的运算复杂度为 $O(n)$。可以对数据进行分块处理，形成一系列地表高程点子集，每个高程点子集分别描述一小块区域的地貌形态。分块单元越小，高程点子集的数据量就越小，例如，分为 m 块时点式排序的运算复杂度将为 $O(\dfrac{n^2}{m})$，将会明显提高运算速度。

应当指出，分块一定程度上降低了算法的整体性。为了使从各个高程点子集中提取的特征点仍然具有全局性，可以采用统一的原点和初始锚点、初始漂浮点，并且保持分块具有一定的重叠边，从而在综合过程中能够考虑分块边界处高程点邻域的地形特点。由此，作者采用二级格网对数据集进行开窗分块（如图4-28所示）。首先建立单元大小为 $a \times a$ 的格网，通过裁剪处理将高程点集划分为一系列的子集。对高程点子集进行综合时，构造以格网形心为中心向四周扩展 $a/2$ 边长的窗口，以落入窗口的高程点集合作为综合对象，这样，实际的综合窗口大小为格网单元的4倍。综合完成后，从结果点集中选出位于对应$a \times a$格网单元范围内的特征点作为本单元的最终结果。

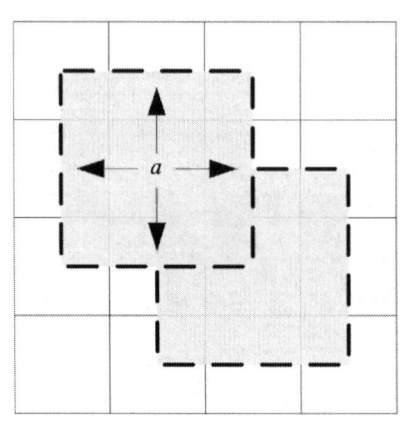

图4-28 二级格网开窗的基本原理

采用合适的格网单元才能使综合的效率达到最优。当格网单元的尺寸较大时，虽然提取的特征点具有较高的全局性，但是系统开销大，运算速度慢。而格网单元的尺寸较小时，虽然运算复杂度大大减小，但提取的特征点只具有局部意义。极端情况下，落入综合窗口的高程点数为0或者1个，选取的特征点即是偏离初始基平面的距离满足给定阈值的所有点，相当于对原始数据没有综合，而只是简单地截取数据集位于初始基平面的以阈值为半径的缓冲区以外的部分。

格网单元尺寸的设置还有待进一步研究。通常情况下，应该根据研究区域范围、数据的分布密度和综合结果的详细程度共同决定，并使得位于各个综合窗口中的地形数据能够描述较完整的地貌单元。

4.5 实验结果分析

4.5.1 实验样区与数据

本书选择广东珠江三角洲地区1∶10000Grid DEM作为实验数据，网格分辨率为5m×5m。该地区地貌形态受北东、北西向构造线控制，形成断块隆升山地和沉降平原。为了比较算法提取不同地貌类型的地形特征点的能力，从实验数据中裁取高丘陵样区（A）与高山地貌样区（B）作为实验区域。首先将Grid DEM转换成为RSG形式的离散点集，采用3DDP的三合一方法分别选取原始高程点数的80%、40%、20%、10%、5%和1%作为不同综合程度的地貌特征点集。为了突出综合效果，对保留下来的特征点集，采用克里金内插算法以相同的参数内插生成与原始数据分辨率相同的规则格网点，格网间距仍为5m×5m。在此基础上生成彩色晕渲图并引绘等高线。对等高线作适当的平滑处理，平滑度取1m，从而避免由于曲线平滑而导致明显的等高线变形。然后将引绘得到的等高线与原始数据等高线以等大图幅叠加，并且不做抽稀。我们对保留下来的地形特征点集统计高程的最大值和最小值，结合采用构建TIN的方法计算的地表的面积和体积变化，评估地表整体形态的变化情况。

4.5.2 实验结果与分析

（1）实验结果（见图4-29至图4-32）

（2）分析与讨论

对比彩色晕渲图（见图4-29和图4-31）可知，随着地貌特征点数的减少，地貌形态逐渐平滑，细节地形信息逐渐消失。这个过程中，正向地形与负向地形表现为同步弱化，但地表的主体起伏趋势不变。在保留80%特征点的情况下，回放得到的等高线与原始等高线几乎重合，可见被选取而保留下来的特征点相对于舍去的另外20%的高程点，最大限度地代表了原始区域的地形信息。

对于样区A，当特征点保留为原来的10%时，地形的变化开始逐步明显，引绘得到结果的等高线相对于原始数据的等高线，代表山脊和山谷的弯曲趋势仍然保留，而明显弯曲的过渡曲线部分，微小的抖动被抑制。原

广义DEM与地貌水系一体化综合

先细长而尖锐的山脊形态，在等高线图上被拆分为粗短而圆滑的山脊和小山头的组合，表明细山脊的化简以"削"为主。在隆起的山体和平坦地区的过渡区域，深切谷弯曲被"拉直"，"填谷"效果明显，山体有向平原微量移动，如图4-30所示。

（a）选取80%的地貌特征点　　　　　　（b）保留40%的地貌特征点

（c）选取20%的地貌特征点　　　　　　（d）保留10%的地貌特征点

（e）选取5%的地貌特征点　　　　　　（f）保留1%的地貌特征点

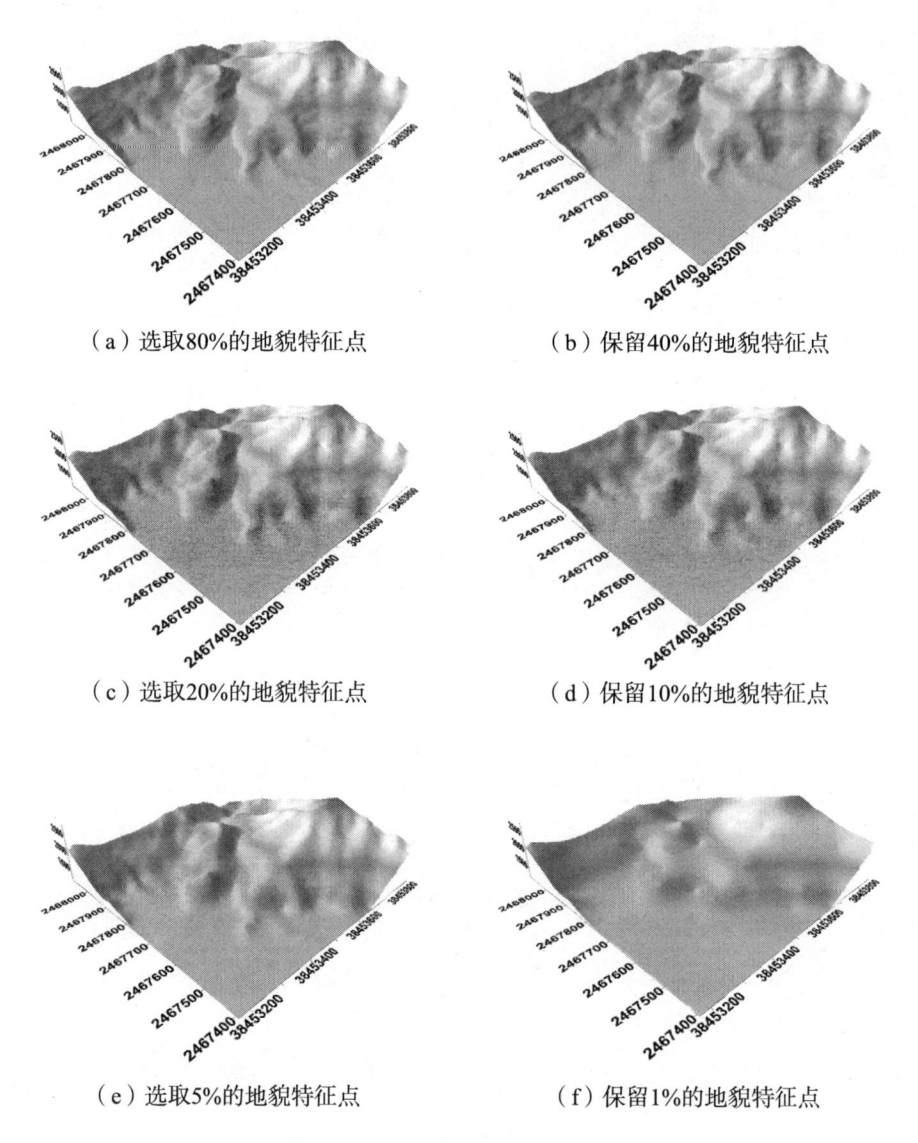

图4-29　样区A特征点保留率不同的彩色晕渲图

第四章 基于3DDP的地貌三维综合算法

(a)保留80%地貌特征点的等高线图

(b)保留40%地貌特征点的等高线图

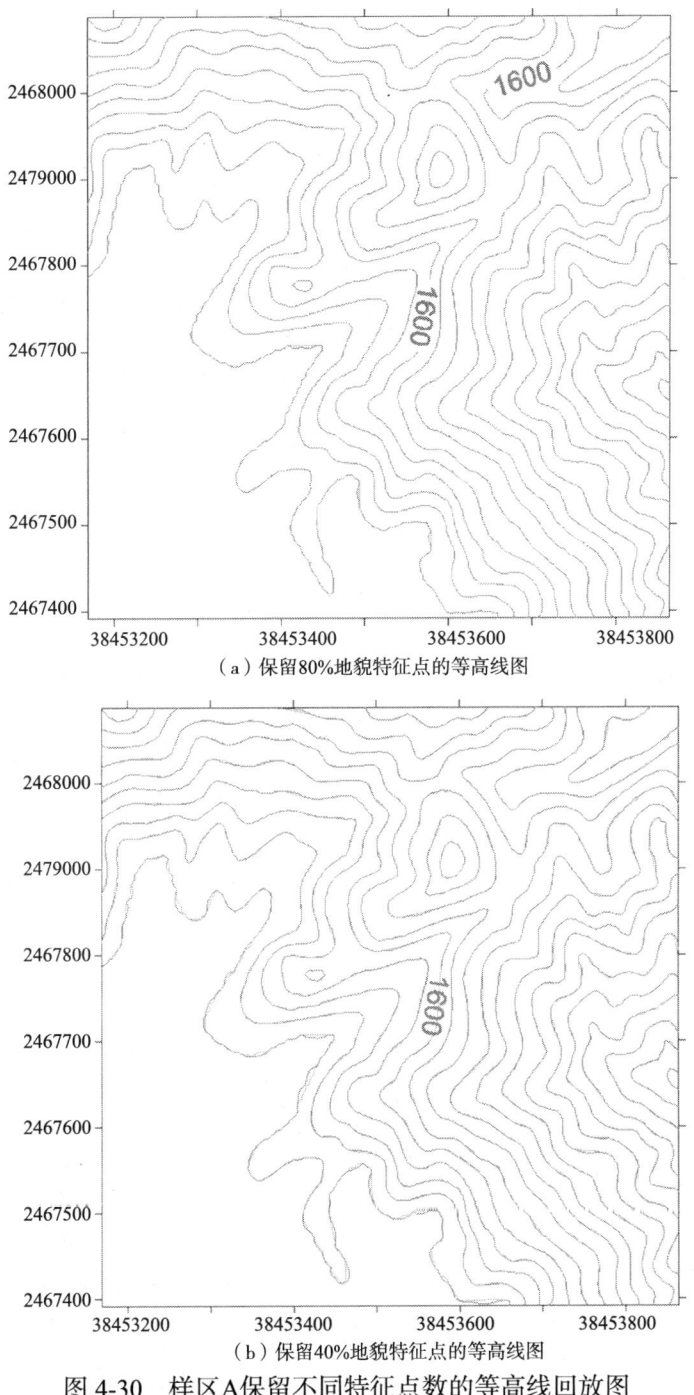

图 4-30 样区A保留不同特征点数的等高线回放图
(细线为原始等高线，粗线为综合后等高线)

117

广义DEM与地貌水系一体化综合

(c) 保留20%地貌特征点的等高线图

(d) 保留10%地貌特征点的等高线图

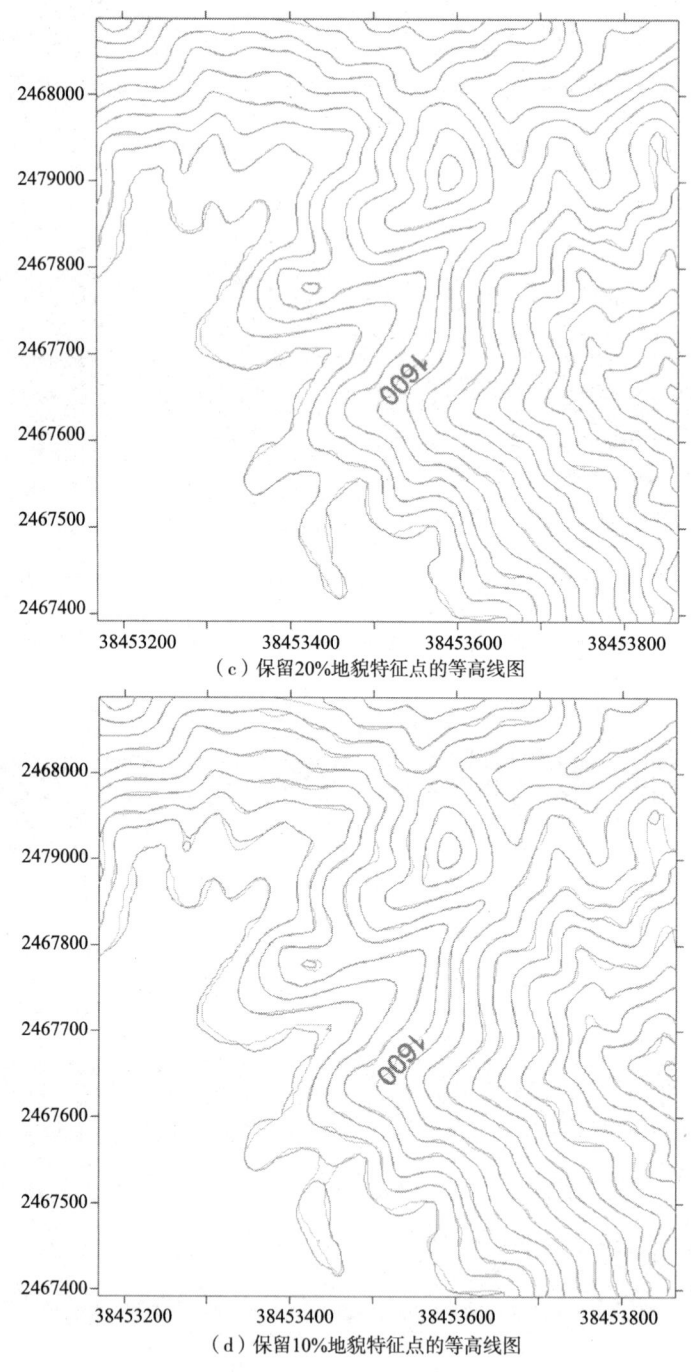

图 4-30　样区A保留不同特征点数的等高线回放图
(细线为原始等高线，粗线为综合后等高线)(续)

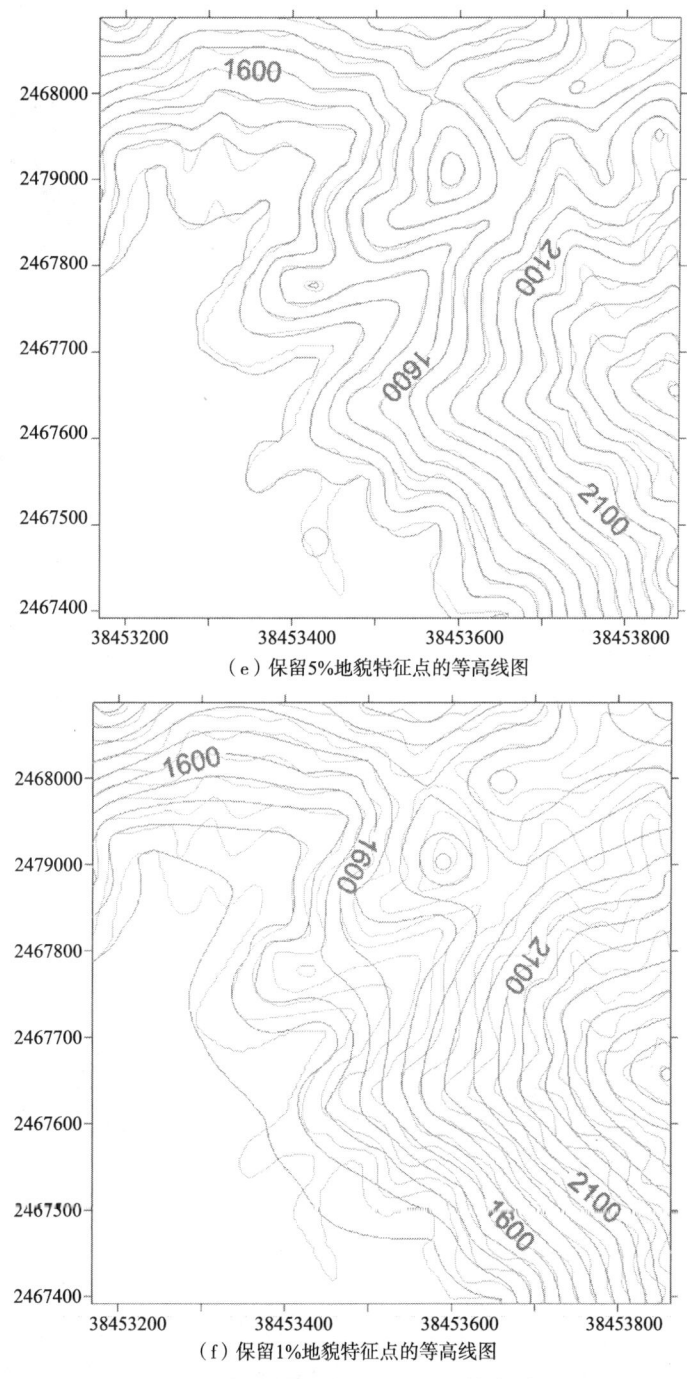

第四章 基于3DDP的地貌三维综合算法

(e) 保留5%地貌特征点的等高线图

(f) 保留1%地貌特征点的等高线图

图4-30 样区A保留不同特征点数的等高线回放图
(细线为原始等高线,粗线为综合后等高线)

广义DEM与地貌水系一体化综合

（a）选取80%的地貌特征点　　　　　（b）保留40%的地貌特征点

（c）选取20%的地貌特征点　　　　　（d）保留10%的地貌特征点

（e）选取5%的地貌特征点　　　　　（f）保留1%的地貌特征点

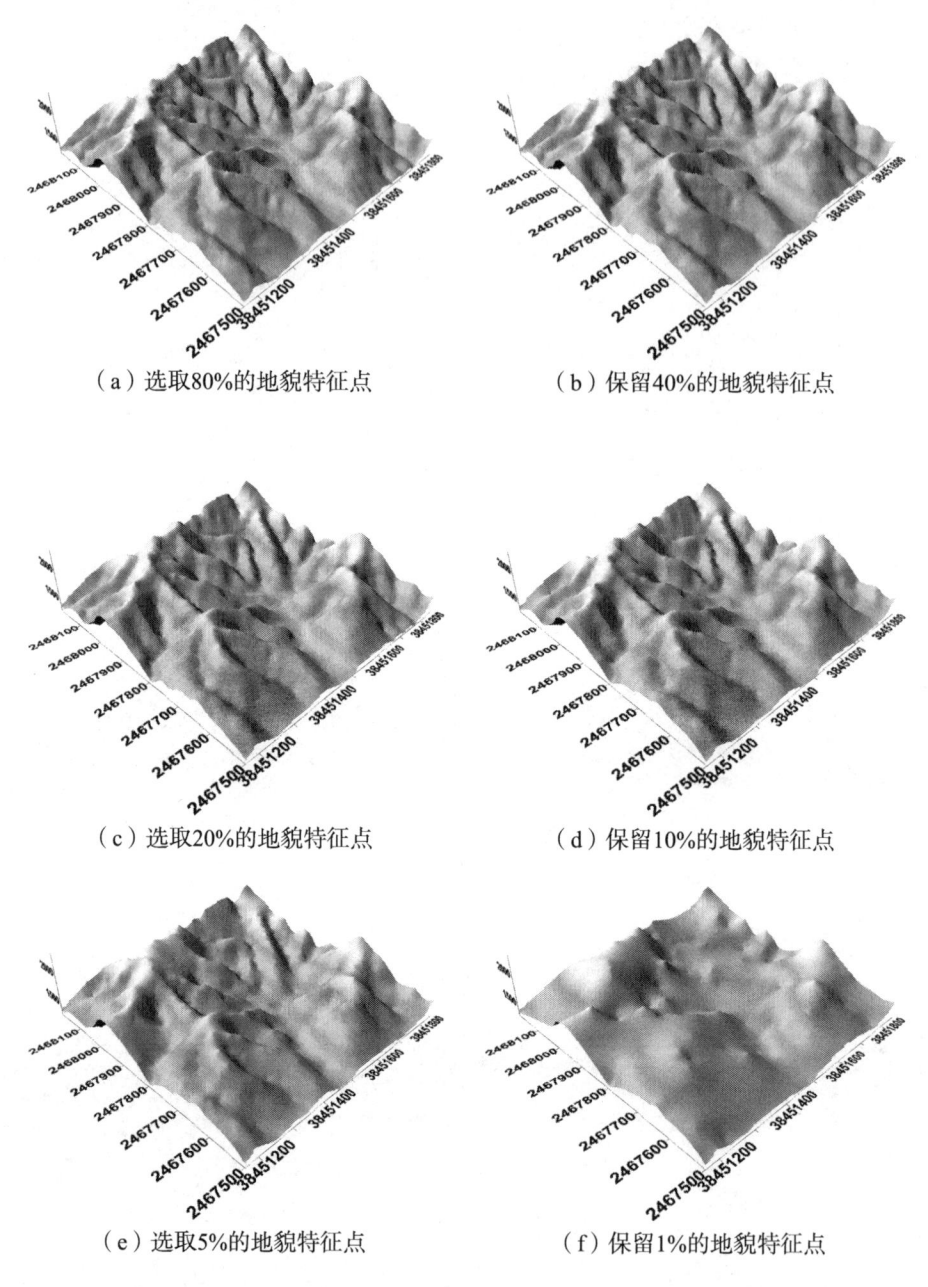

图4-31　样区B特征点保留率不同的彩色晕渲图

样区B中地表的褶皱密集，局部区域的高程变化复杂，沟谷交错，没

120

有明显的山脉走向。视觉上，保留20%的特征点拟合的地表面与保留80%的特征点拟合的地表面相似，表现了该地区的高程点高程值之间的强相关特性，尽管选择的特征点较少，但因这些特征点能够正确表达地表的最主要信息，也能拟合回原始的地貌形态。当保留1%的点时，地形特征急剧减少，向斜坡变成背斜坡。等高线曲线松弛，弯曲相对于原来的等高线具有较大的漂移，但整体不会移动。由于等高线是内插引绘得到，特征高程点的减少导致的等高线变形不会产生等高线的相交和自相交现象（如图4-32所示）。

(a) 保留80%地貌特征点的等高线图

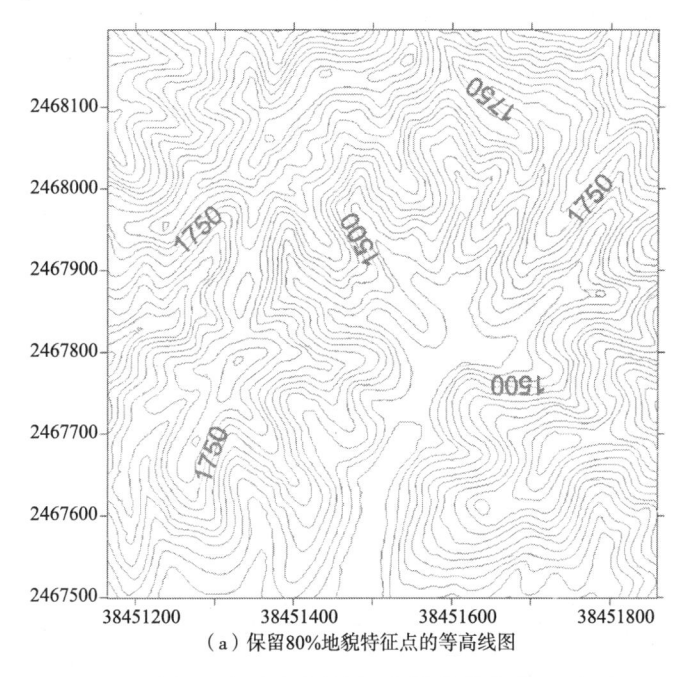

图4-32　样区B保留不同特征点数的等高线回放图
（细线为原始等高线，粗线为综合后等高线）

广义DEM与地貌水系一体化综合

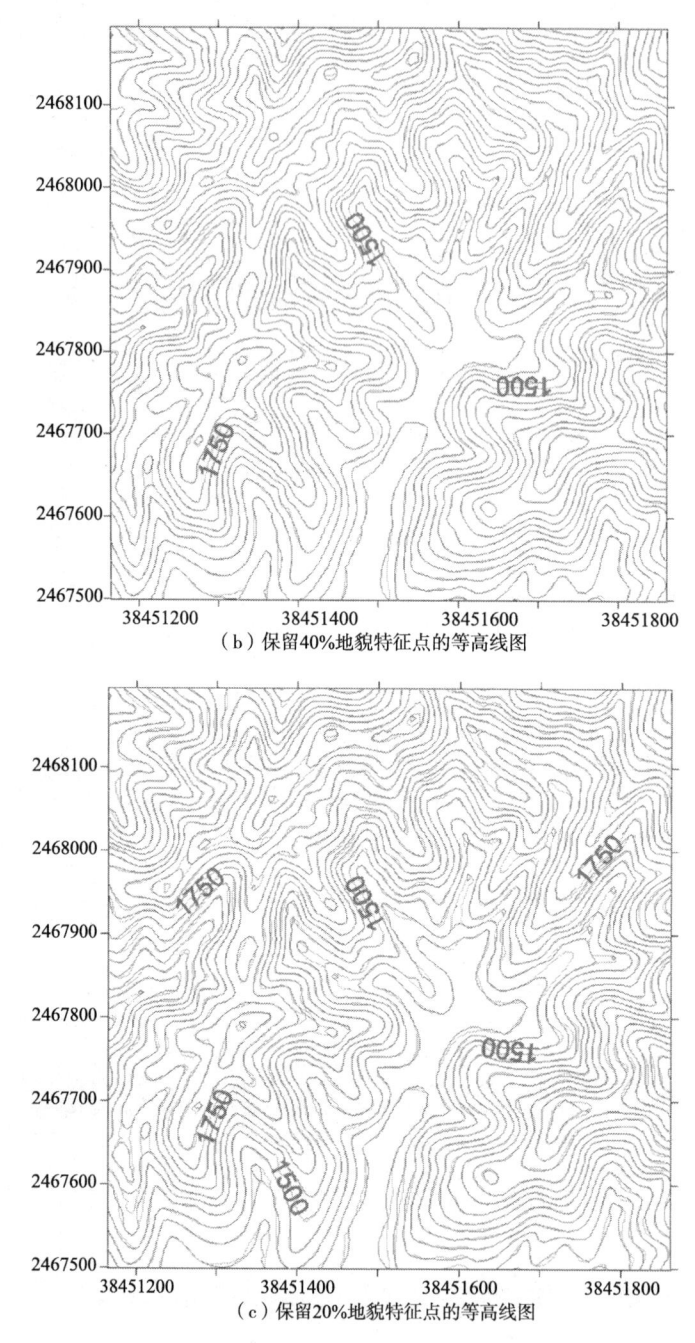

(b)保留40%地貌特征点的等高线图

(c)保留20%地貌特征点的等高线图

图 4-32　样区B保留不同特征点数的等高线回放图（续）
（细线为原始等高线，粗线为综合后等高线）

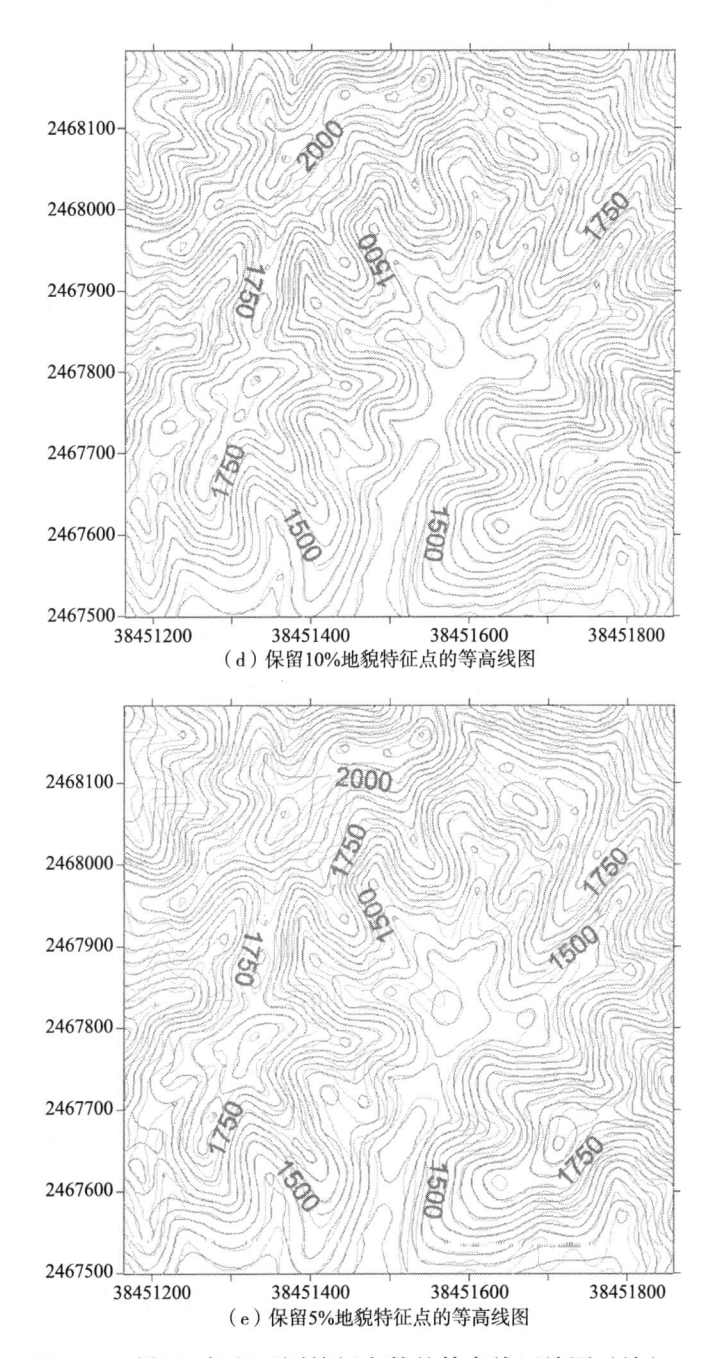

(d) 保留10%地貌特征点的等高线图

(e) 保留5%地貌特征点的等高线图

图 4-32　样区B保留不同特征点数的等高线回放图（续）
（细线为原始等高线，粗线为综合后等高线）

广义DEM与地貌水系一体化综合

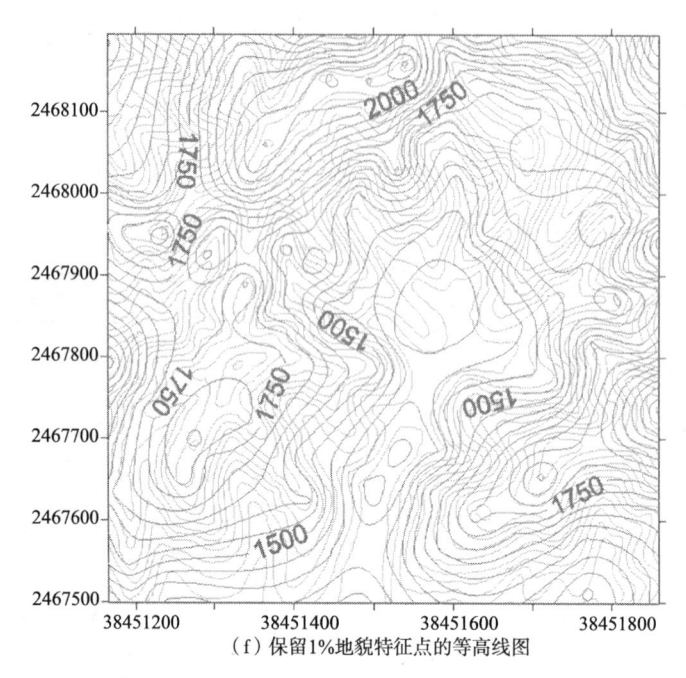

(f) 保留1%地貌特征点的等高线图

图4-32 样区B保留不同特征点数的等高线回放图(续)
(细线为原始等高线,粗线为综合后等高线)

无论特征点选取的程度如何,样区A和样区B的高程最大值和最小值没有变化(见表4-2和表4-3),平均高程接近,高程标准差接近。这表明,虽然特征点的减少导致了地貌细节信息的损失,但是采用3DDP算法选取的特征点能够保持地形整体上高低起伏的态势。

表4-2 选取的特征点数不同时样区A的属性变化表

高程点保留率/%	高程点数/个	高程极值/m 最大值	高程极值/m 最小值	平均高程	高程标准差	体积/m^3	面积/m^2
100	19 600	2 821	1 175	1 611.21	398.59	210 027 937.50	1 874 749.38
80	15 680	2 821	1 175	1 662.01	391.94	210 035 879.17	1 877 656.97
40	7 840	2 821	1 175	1 679.92	409.98	210 148 945.83	1 878 843.16
20	3 922	2 821	1 175	1 697.27	406.59	210 187 833.33	1 874 568.26
10	1 961	2 821	1 175	1 678.50	391.86	210 293 129.17	1 878 183.66
5	977	2 821	1 175	1 681.60	391.56	210 536 891.67	1 829 931.99
1	195	2 821	1 175	1 658.39	377.72	216 351 291.67	1 699 219.96

表4-3 选取的特征点数不同时样区B的属性变化表

高程点保留率/%	高程点数/个	高程极值/m 最大值	高程极值/m 最小值	平均高程	高程标准差	体积/m³	面积/m²
100	19 600	2 355	1 277	1 640.71	209.75	175 491 658.33	2 421 227.36
80	15 680	2 355	1 277	1 650.60	207.21	175 506 033.33	2 423 031.39
40	7 842	2 355	1 277	1 653.67	206.35	175 487 850.00	2 413 403.06
20	3 924	2 355	1 277	1 656.16	205.59	175 402 337.50	2 390 847.12
10	1 964	2 355	1 277	1 654.76	197.77	175 359 700.00	2 356 573.76
5	985	2 355	1 277	1 648.54	199.06	175 345 029.17	2 317 034.57
1	199	2 355	1 277	1 653.62	234.55	179 487 100.00	1 961 565.77

分析面积和体积变化曲线趋势（见图4-33和图4-34），特征点迅速减少时，地表面积和地形体积信息急剧变化。这与基于广义DEM的地貌三维综合思想中的地貌信息宏观变化规律一致。通过变化曲线可知，在保留特征点数20%～100%的区间，样区A和样区B的面积和体积的变化较小，在10%以下存在着突变。据此，我们还可以估计，若对样区A和样区B进行地貌三维综合，可在20%以下寻找适合的点子压缩比作为控制手段。

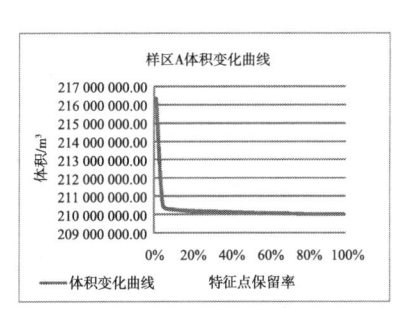

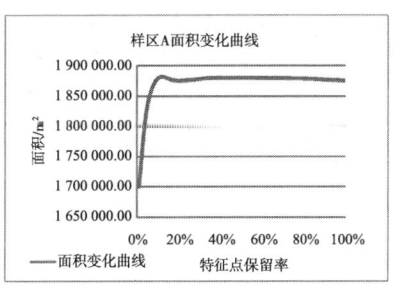

图4-33 样区A体积变化和面积变化曲线

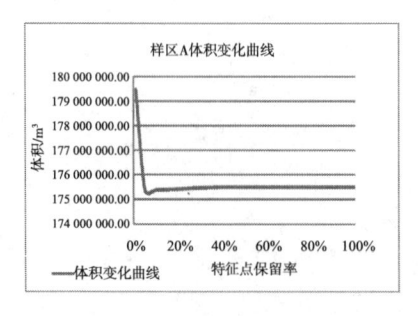

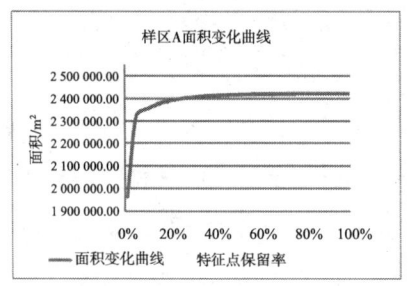

图4-34　样区B体积变化和面积变化曲线

4.6　小结

本章重点讨论了3DDP算法对地貌特征点的选取机制。通过大量的实验分析，深入研究了3DDP算法对各种具体DEM形式的可行性。实验结果表明，采用3DDP算法能够有效选取表征地貌主要形态的地形特征点；可以通过考虑地表高程点空间邻近性的高程点排序，提高算法选取特征点的效率；并且，对于三维分布的高程点按线性排序所导致的逻辑相邻点物理跳跃的情况，采用全局孤独指数加权是有效途径。为避免采用单原点选取特征点集引起的"灯下黑"现象，特别是对于复杂变化的地貌形态，可以采用多基面模型和多视角模型，改善算法识别全局特征点的敏感程度。

在本章的实例一节中，对不同地貌特征的实际地形样区数据，提取不同点数的地貌特征点集。对比分析内插生成对应特征点表征的地表曲面和等高线形态变化，表面采用3DDP的三合一算法选取地貌特征点，能够从全局上保留地貌的主要形态，从而论证了新算法对与高丘陵地区和高山地区的地貌三维综合的可行性。

第五章　地貌与水系一体化制图综合实现

正确反映现实地理世界中地貌与水系要素固有的和谐统一的关系，是制图综合中保持地貌符号与水系符号良好套合的本质要求。探究地貌与水系之间的语义层次关系，对水系要素的三维空间形态的描述也应被纳入对地貌要素的三维空间形态的描述范畴之中。

5.1　地貌与水系一体化综合思想

5.1.1　制图综合中"水"与"谷"的和谐

地貌和水系是基础地理信息数据中最基本的构成要素。在地形图上，通常采用形态各异、大小不同、相互嵌套的等高线来表示地貌形态。随着比例尺的变换，地貌的综合结果表现为等高线图形的化简。因此，产生了许多以等高线为数据处理对象的地貌综合方法（见本书1.2.4节）。水系要素则根据具体地理对象的形态特征采用依比例尺、半依比例尺或不依比例尺的各种不同符号来表示，例如河流用单线或双线符号，湖泊、水库用面状符号，泉、井用点状符号等。水系综合包括选取和概括两个部分。其中，河流是水系要素的主要内容之一，在制图综合中，保持地貌和河系之间的协调空间逻辑关系一直是地图综合的基本原则。

在从大比例尺到小比例尺的制图综合过程中，地貌和河系的组合表达有三个阶段的状态。

"有水有谷"状态：在较大比例尺区间，水系要素几乎全部被选取，河流符号基本上依比例尺表示，等高线也是具有测量意义的数学线。随着比例尺的逐渐减小，河流的表达随之渐渐抽象，在某个尺度点甚至会发生突变，河流的表达符号双线降维至单线，然后在下一个比例尺变化区段继续缓慢变形。在这个比例尺区间中，等高线的形态逐渐化简，并且河流的形状变化与等高线的形态化简互为依据，即水系的概括应该与地貌特征相一致，而地貌的化简也必须考虑河系的空间分布特征，并且使两者之间始终保持良好的套合关系。

"无水有谷"状态：当比例尺缩小到一定程度，河系的表达再次发生突变，河流要素消失。河流由于重力作用会对地表具有下切作用，有河流经过的地方谷地汇水特征明显，并且，山脊与谷地的空间分布具有耦合性（张婷，2008），因此，正向地貌与负向地貌表现为随比例尺逐渐缩小同步化简（为了突出艺术性，苏联学派制图综合有时会夸大正向地貌的山脊形态或负向地貌的谷地形态）。负向地貌仍然保留，相当于对应现实地理世界中的河谷被"填高"成为干沟，但成组等高线弯曲与原河系的轨迹线保持一致。

"无水无谷"状态：比例尺减小到地貌变形的突变点，表达局域的负向地貌的等高线弯曲消失，等高线表现为大型地貌单元的轮廓。

由此可见，"有水"与"有谷"是制图综合中地貌与河系表达的充分非必要条件。制图综合是根据用户不同层次的需求，建立不同详细程度的数据集合（地图数据库）并进行可视化。而地貌与河流作为独立的地理实体对象，他们的图形、属性和相互之间关系在高精度、大比例尺地理空间数据库中始终存在。因此，正确反映现实地理世界中客观存在的地貌与水系固有的和谐统一的关系，是制图综合中保持等高线与河系符号良好套合的本质要求。

5.1.2 分版综合中"水"与"谷"保持和谐的困难

在传统的手工制图综合中，地理对象只能借助图形概括来实现综合，内容与形式的操作同时完成。保持地貌和河系的和谐关系，往往依赖于制

广义DEM与地貌水系一体化综合

图员的判读经验，首先，根据地貌的总体形态和水系的空间结构对水系要素进行平面空间的几何化简；然后，在地貌综合的过程中，将已化简的水系作为地形结构线的一部分，参照水系的形状、分布和流向来决定微地貌形态特征的取舍（毋河海，2004）。数字环境下，为降低难度，地图综合被分解为若干个子课题，地貌和水系的综合作为两个相对独立的专题分别作业。由于计算机缺乏视觉功能，等高线综合过程中无法实时参照经综合后的水系，普遍难以保证互相独立综合的河系要素与等高线保持良好的和谐套合（王东华和李莉，1988）。为此，地貌与水系之间的协调套合关系通常被转换成线目标空间关系的语义属性，依据制图规范进行线目标的空间逻辑冲突检测。例如，河流中心线与等高线相交次数大于1，表示有"河流爬坡"的不合理现象；河流中心线与等高线局部线画重叠，表示有"等高线落水"；河流中心线与等高线锐角相交，表示河流偏离谷地。而拓扑关系冲突的自动调整算法目前尚未解决，地貌与水系之间的套合关系冲突仍然需要依靠人工纠正（陈军，2006）。

现阶段的研究中，地貌的结构化综合也可以一定程度间接促进保持两者间的套合关系。Weibel（1987）提出的地图综合概念模型五个步骤中，还将汇水分析引入等高线成组综合中。毋河海（1996）提出通过导出谷底线网的天然或统计汇水面积，实现对短小谷底线的取舍，进而通过谷底线与其相应的一组等高线的关联关系，对地貌进行综合。费立凡（1983）通过栅格扫描数据跟踪谷底线，并将水系资料对其进行纠正，然后用于指导等高线上地貌特征点的提取和谷地弯曲的成组概括。Wang和Muller（1998）对实验地区的山谷分布进行分析，提出了平滑对应次要山谷的地表微小起伏的方法，从而实现对地貌形态的概括。Ai（2007）则利用Delaunay三角网骨架线确定汇水区域，在等高线图中提取排水系统，建立成组等高线和排水系统之间的联系，在排水网络分析的基础上成组删除等高线的弯曲。Gökgöz与Selçuk（2004）融合了NTH法、距离容差法构造地貌特征线，同时联合运用Douglas-Peucker算法对地貌进行化简。河系（或谷底线）作为地形结构线的一部分参与到地貌的受限综合过程，综合结果中地貌与水系间的套和关系得到了间接兼顾，必然"有水必有谷"，而不会出现"有水却无谷"的不合理现象。尽管如此，河系作为独立的要素也需要综合，而结构化综合中只是选取主要地形结构线、舍去次要地形结构线，并未对地形结构线的形状化简。最终将导致即使原始数据中地貌与河系和谐套合，综合后却容易出现地貌与河系综合后不套合的逻辑冲突，如图5-1所示。

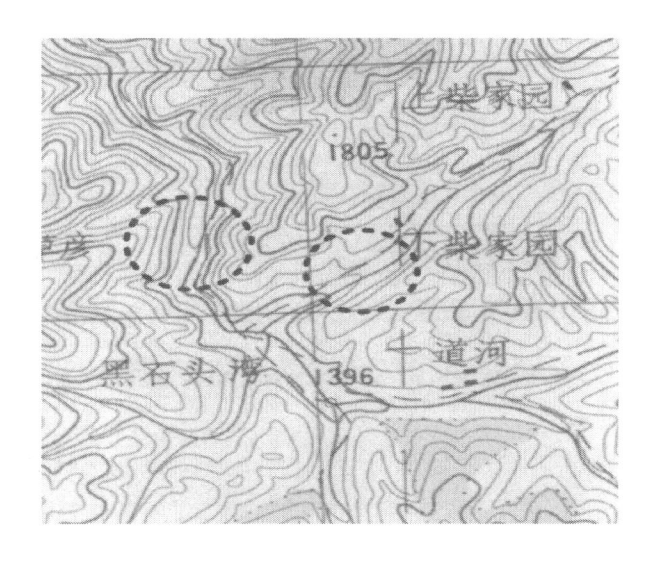

图5-1 分版综合容易产生河流爬坡现象

河系化简包括三个层次的信息，即全局范围内的空间分布模式、局域环境下的分布密度和单条河流的几何特征（艾廷华，2007）。河系综合方面的研究都不同程度关注河网的空间分布特征在其综合化简中的作用。刘春和王家林等（1998）基于知识库的原理和思想，制定了一套符合河系要素制图综合的知识规则，并利用这些知识规则进行综合过程的判断和综合算法的选择。何宗宜（2002）等基于分形理论提出了河系要素分维数的确定方法，利用河系的分维规律对河流进行综合。Richardson（1993）提出了基于Horton码和长度的河流结构选取的方法。艾自兴和毋河海等（2003）用Delaunay三角剖分提取双线河流中轴线，并研究了河间距量算的方法作为河系支流取舍的辅助手段；艾廷华和刘耀林等（2007）基于网络分析运用Delaunay三角网模型建立了各级河流分支汇水区域的层次化剖分模型，从而可计算河流分布密度、相邻河流间距、汇水范围及层次关系，进而推算出河系网中每一条河流的重要性系数，实现不同尺度下河流的综合选取。Thomson和Brooks（2000）将视觉识别完形原则（Gestalt原则）用于主干河流的判断。邵黎霞和何宗宜（2004）等给出了河流自动选取BP神经网络的结构模型，并通过实例提供了网络参数、实现过程和试验结果。Rosso和Bacchi（1991）研究了河网的自相似性与分形特征，并推导出适合地图综合层次化分析需要的河网分形估值公式。河流形态的概括通常是投影到二维平面单独进行，只利用水系数据的平面位置信息，忽视了水系要素的三维特征及周围地理环境特征（如图5-2所示），缺乏地理学依据。而要实现顾及地理环境的水系综合，反过来又需要以经过正确化简的地貌作为空间参考。目前，尚未看到顾及地形特征的河系几何特征化简的有相关研究。

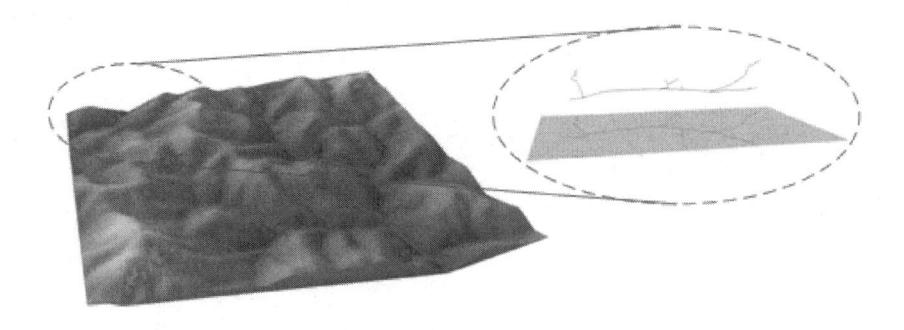

图 5-2 地貌与水系在三维空间的谐调套合及水系从三维空间到二维平面的投影

综合是对空间信息的抽象和概括的过程，其目标在于"地理特征"的概括、化简，而不是"几何特征"的弃除，综合操作的决策分析应该建立在地理特征层次上（艾廷华，2007）。地貌综合和水系综合，不能单纯地考虑对其几何图形进行化简，还应考虑它们之间的地理适应性，如图5-2所示。

5.1.3 一体化综合的具体实现流程

在现实世界中，地貌与水系要素之间的空间逻辑关系必然是完全协调的。河流依附地势由高处流向低处，汇集于山谷，并对地表有切割作用，根据地势落差和水量的大小，在地表切割出"V"形谷地或"U"形谷地。对于湖泊、水库等面状的水系，水体的轮廓线——水涯线高程接近。从地形信息的角度，河系上的高程点可以理解为按地表径流规则组织的地形信息点。基于此，本书提出了地貌与水系一体化综合的基本思想。将地貌和河系作为一个有机的地理空间整体进行综合，在综合过程中彼此参照，从而实现综合后的地貌与水系的和谐。

地貌与水系一体化综合是基于广义DEM地貌三维综合的深化。从广义的角度来看，无论原始数据中地貌和水系信息以什么样的格式提供，都能把它们归结为最通用的DEM表达形式，即不规则分布的三维离散点集。综合中的信息提取过程即是对描述主要形态信息的三维离散点集的选取过程。这样，无论是水系上的高程点还是地表上的高程点，都可被当作不规则离散分布的三维地形信息点一起综合。水系地形信息的引入可为地貌综合补充地貌信息，起到了地形增强的作用；对于水系综合而言，将水系放入地理空间环境中，充分参照地形的三维特点化简水系形状，对水系的抽象和概括能更合理地反映真实地理世界。同时，充分考虑了它们在现实地理空间中的三维形态特性进行一体化特征提取，所得到的结果其实是本来就和谐的地貌与水系形态信息的子集，子集中地貌与水系要素的特征也必然是和谐的。因此，地貌与水系的和谐综合，关键在于正确地提取它们的三维形态特征信息，并且这些三维形态信息足以使得它们的可视化表达仍然和谐。

本书中，地貌和水系一体化制图综合包括两个有序过程，即地理特征的一体化提取和综合结果的图形再现（如图5-3所示）。首先获得初始地貌要素的高程因子（高程点）和初始水系要素的高程因子（地形信息点），将其纳入地表高程特征点集以建立地表广义DEM数据集。为了使得地貌和水系的形态特征信息在结果中具有相同的综合程度，需要对地貌类型和水系结构进行分析，对地貌点和水系点赋予不同的权值，从而平衡两者在一体化特征选取中的灵敏度。然后采用3DDP算法对加权后的广义DEM进行三维综合，从三维空间的角度选取广义DEM中的特征点。这样，经一体化特征提取后得到的结果点集有两类数据：一类是来源于原始水系数据的特征点；另一类是来源于原始地貌数据的特征点。从结果点集中提取来源于原始水系数据的特征点，依据原始的水系结构反演得到形态化简的水系；再以化简后的水系作为等高线内插的骨架，使用一体化特征结果点集的全集回放等高线（来源于水系的特征点同时也是地表上的高程特征点）。

水系是各种自然或人工水体的总称，其中，泉、井等点状水体，湖泊、水库等面状水体，沟渠等平直的人工水体，在综合过程中主要进行取舍，也涉及一些合并操作。而河系是由多条河流构成的网络状目标，在多要素协调综合中与地貌的关系最为密切。因此，本书以地貌与河系的一体化综合研究为重点，从方法论的角度，对于地貌与其他水系要素的协调综合也具有指导意义。

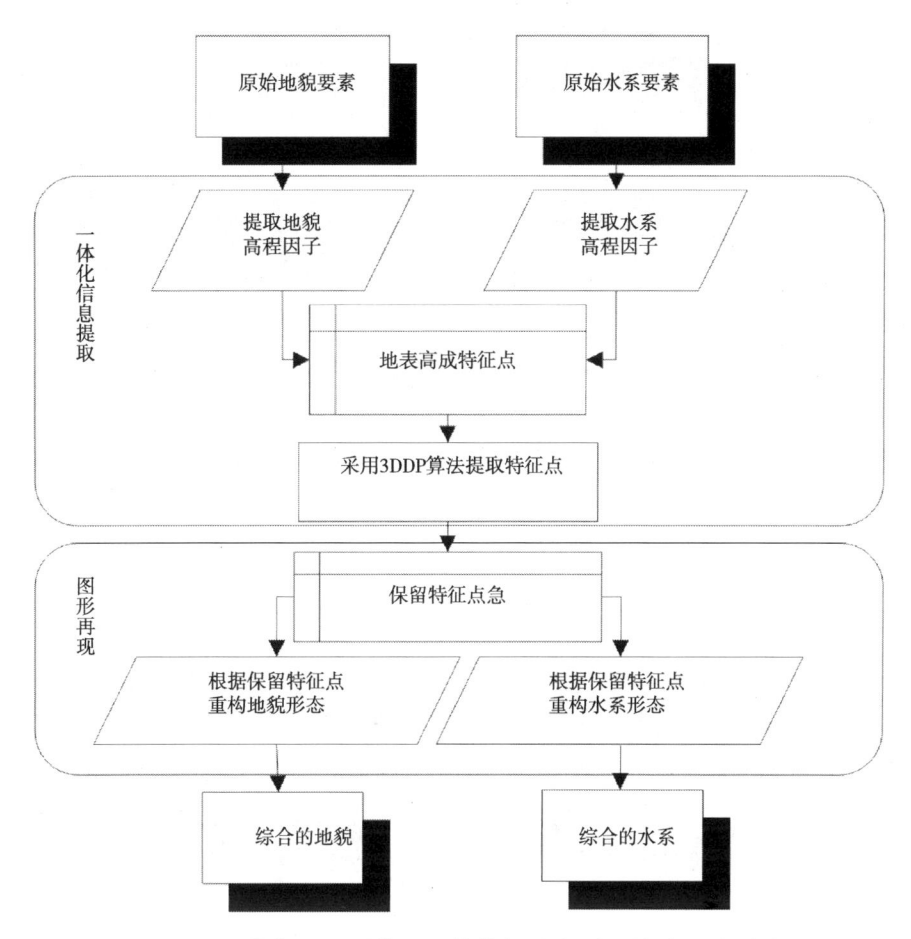

```
┌─────────────┐         ┌─────────────┐
│ 原始地貌要素 │         │ 原始水系要素 │
└─────┬───────┘         └──────┬──────┘
      │                        │
┌─────┼────────────────────────┼──────┐
│     ▼                        ▼      │
│ ┌─────────┐            ┌─────────┐  │
│ │ 提取地貌 │            │ 提取水系 │  │
│ │ 高程因子 │            │ 高程因子 │  │
│ └────┬────┘            └────┬────┘  │
│一     │                      │      │
│体     └──────┐        ┌──────┘      │
│化            ▼        ▼             │
│信       ┌───────────────────┐       │
│息       │   地表高成特征点   │       │
│提       └─────────┬─────────┘       │
│取                 ▼                 │
│         ┌───────────────────┐       │
│         │采用3DDP算法提取特征点│     │
│         └─────────┬─────────┘       │
└───────────────────┼─────────────────┘
                    ▼
┌───────────────────┼─────────────────┐
│         ┌───────────────────┐       │
│图       │    保留特征点急    │       │
│形       └───┬───────────┬───┘       │
│再           │           │           │
│现           ▼           ▼           │
│    ┌──────────┐   ┌──────────┐      │
│    │根据保留特征点│ │根据保留特征点│    │
│    │重构地貌形态 │ │重构水系形态 │    │
│    └─────┬────┘   └─────┬────┘      │
└──────────┼──────────────┼───────────┘
           ▼              ▼
    ┌───────────┐  ┌───────────┐
    │ 综合的地貌 │  │ 综合的水系 │
    └───────────┘  └───────────┘
```

图5-3 地貌水系地理特征一体化提取与谐调综合基本路线

5.2 地貌水系特征点的一体化提取

一体化综合过程是对地貌和水系地理特征的概括简化过程，即通过对地表特征信息的辨析保留地表形态的主要特征，舍去次要特征，同时化简水系形态。数据操作层面上，表现为对足够密度的描述地表和水系形态的高程采样点的选取或删除。对地貌水系特征点的一体化提取，可以细分为高程因子获取、地形点加权和特征点选取三个部分。

5.2.1 高程因子的获取

（1）隐含的水系高程信息的获取

在基础地理空间数据库中，水系数据通常为数字化得到的DLG数据，不具有高程信息。一体化综合需要首先对水系数据三维化，可通过地形数据内插水系上的采样点来实现。

在地学分析中常用的空间数据内插方法可分为全局内插和局部内插两大类。全局内插建立在多项式或样条函数基础之上，通过选择一个二元函数来逼近研究区域内全部高程采样数据的地形整体变化趋势。局部内插则是利用最邻近点或位于内插点的一个指定大小窗口内的已知点进行内插。全局内插可以得到一个全局光滑的拟合曲面，但不适合表达变化复杂的地貌形态，从而不适合内插水系高程点。而局部内插可提供内插区域的良好局部特性，并且不受其他区域的内插影响，具有较高的精度。因此，本研究采用反距离加权插值法（Inverse Distance Weight Interpolation，IDW Interpolation）对水系高程点进行精确的局部内插，即在假设地形数据提供的每一个高程采样点都为真值的前提下，局部拟合的地表面严格经过每一个已知的高程采样点。

IDW插值法综合了Voronoi多边形的邻近点方法和多元回归的渐变方法的长处，是GIS中最常见的局部插值法（汤国安，2005）。假设周围地表高程点与水系点因分布位置的差异，对水系点高程属性值的影响不同，这种影响主要与距离有关，用权函数 $w_i(x,y)$ 来表示，那么水系点的高程值可用如下插值公式计算

$$\hat{z}(x,y) = \begin{cases} z(x_i, y_i), & d_i = 0 \\ \dfrac{\sum\limits_{i=1}^{n} w_i \cdot z(x_i, y_i)}{\sum\limits_{i=1}^{n} w_i}, & d_i \neq 0, \ w_i = d_i^{-u} \end{cases} \quad (5\text{-}1)$$

式中，$\hat{z}(x,y)$为水系点(x,y)处的高程值，n为地形参考点数，$z(x_i,y_i)$和w_i分别为(x,y)局部邻域内的第i个参考点(x_i,y_i)的高程值和权值，d_i为水系点到参考点的距离，用公式$d_i=\sqrt{(x-x_i)^2+(y-y_i)^2}$计算。当$d_i \to 0$时，水系点的高程值近似地用参考点高程值表示，随着距离的增加，其他参考点高程的权重迅速减小。采用反距离加权插值法计算水系点高程的理论基础是，得到的高程最大值和最小值只会出现在采样点处，不会出现"虚峰"和"洼地"（汤国安，2005），可以始终保持原始地形三维数据的高程逻辑特性。

权函数$w_i(x,y)$的指数$u>0$。实验证明，当$u>2$时，拟合曲面在数据点间很小的区域内有很大的梯度；当$u<2$时，曲面相对平缓而没有起伏；当$u=2$时较符合实际地形变化规律（汤国安，2005）。为了方便计算，对水系点高程值计算时取$u=2$。

反距离加权内插属于局部线性内插方法，其关键在于如何确定待插点的最小领域范围内有足够的参考点及如何确定参考点的权值。因此内插水系高程点时，需要考虑地形特征并选择合适的搜索范围。对于数据源于大比例尺地形图的，地貌采用等高线（具有可量测性的精确数学线）来表示，还可根据待插点与相邻等高线之间的拓扑关系采用流水线分段线性内插方法表示。

如图5-4所示，用有向折线AB表示河流，起点$A(x_A,y_A,z_A)$表示河流的汇入口，终点$B(x_B,y_B,z_B)$表示河流的流出口。折线端点（点A、B）的高程根据邻域内的等高线上高程点反距离加权计算。求取折线与等高线族的交点（例如点P），其高程值取对应与之相交的等高线高程。对于折线上连接折线段的其他节点（例如点Q），设相邻两条高程线之间河流的流速均匀，已知折线段P_1P_2的端点坐标为(x_1,y_1,z_1)和(x_2,y_2,z_2)，线段长度为l。折线上的节点Q_i的坐标为(x_i,y_i,z_i)，距端点P_1的距离为S_{P_1Q}，距端点P_2的距离为S_{QP_2}，那么有$l=S_{P_1Q}+S_{QP_2}$，设$\lambda=S_{P_1Q}/l$，点Q_i的高程

$z_i = z_1 - \lambda \times (z_2 - z_1)$。河流 AB 三维化后高程变化如图5-5所示。

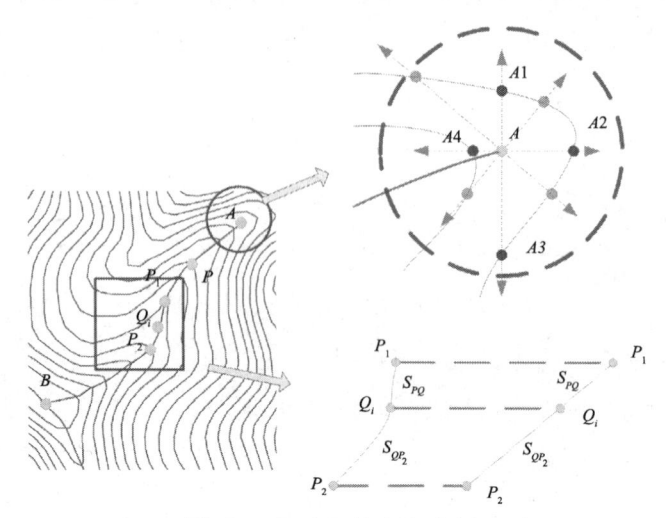

图5-4　水系点的高程内插

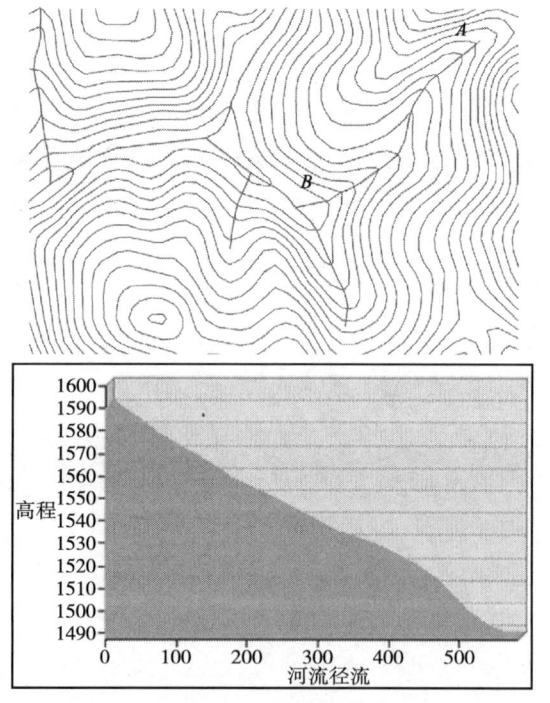

图5-5　河流 AB 三维化后的高程变化

反距离加权内插和分段线性内插都是对真实地表的逼近内插，都会产生精度损失，这不是本书的研究重点。为了尽量减小水系高程点的内插误差，需要对经三维化处理的水系质量进行检查，检查的内容包括以下两方面。①水系的高程逻辑。要求保持水系高程高低有序，即沿河流流线方向上游"高处仍高"，下游"低处仍低"。②水系的地面拓扑。沿水系切线的正交方向地形凸起，水系点为切线上的极小值点（在地形图上，表现为水系的流向与等高线正交）。

（2）高程因子归一化

对于地貌对象而言，广义DEM是其语义层上的一般表达模型。其中，三维不规则分布的离散点是所有具体DEM形式的最一般代表，任何其他形式的DEM都是它的特例。地貌高程因子可直接通过对具体DEM形式离散化获得。如图5-6所示，Grid DEM离散化后得到的高程点是以等距离间隔排列的规则格网点，TIN DEM离散化后得到的高程点是三角面元的顶点，等高线DEM离散化后得到的高程点是等值曲线的节点。

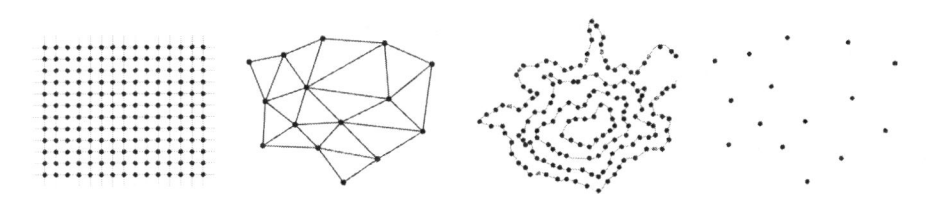

图5-6　各种DEM离散化后得到的地貌高程因子

本书中，定义河系用单线表示，对于具有一定宽度的河流将其中心线赋予宽度属性来表示。如图所示，用有向折线表示河流，起点表示河流的汇入口，终点表示河流的流出，则构成折线的三维线段描述了河系的骨架形态，连接三维线段的节点即是河系的高程因子。根据现实地理世界中地貌与河流对象相互影响和制约的水文物理特性，河系高程因子与相应位置上的地面高程点具有相同的三维坐标，二者等价。因此，河系上的高程因

广义DEM与地貌水系一体化综合

子也可看作是不规则离散分布的地表高程因子的一部分。水系的高程因子通过采集它们的三维矢量线节点获取（如图5-7所示）。若矢量线上的节点间距较大，还可对其加密。

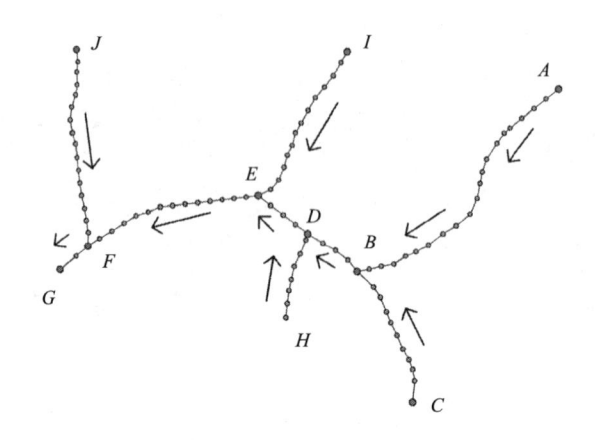

图5-7 河系离散化后得到的地貌高程因子

我们按照一定步长进行离散化，即用若干等间距的离散点来表达连续的水系曲线。图5-8是将线状水系离散化为点集的示意图。

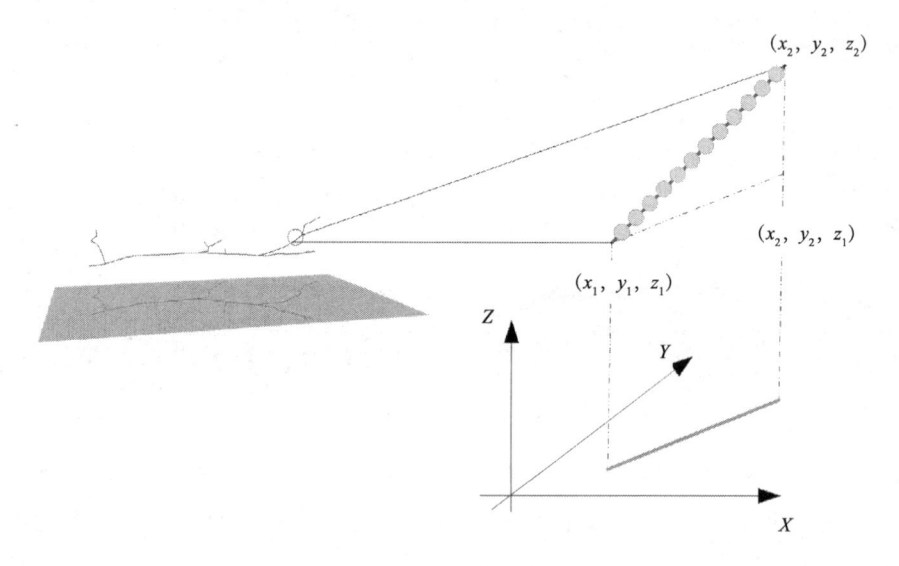

图5-8 将线状水系离散化为点集的示意图

若有三维线段P_1P_2，对应的端点坐标(x_1, y_1, z_1)和(x_2, y_2, z_2)，离散化步长为λ。那么，有线段长度$L = \sqrt{(x_1-x_2)^2+(y_1-y_2)^2+(z_1-z_2)^2}$，离散点个数$n$=INT（$L/\lambda$）+1。设离散点坐标为$(x_i, y_i, z_i)$，$i=0,1,\cdots,n$，当$x_1 = x_2$且$y_1 = y_2$时，有

$$x_i = x_1 \tag{5-2}$$

$$y_i = y_1 \tag{5-3}$$

$$z_i = \begin{cases} z_1 + i \times \lambda, & i \times \lambda \leqslant L, z_1 < z_2 \\ z_1 + L, & i \times \lambda > L, z_1 < z_2 \\ z_1 - i \times \lambda, & i \times \lambda \leqslant L, z_1 > z_2 \\ z_1 - L, & i \times \lambda > L, z_1 > z_2 \end{cases} \tag{5-4}$$

当$y_1 \neq y_2$时，设$k = (z_2 - z_1)/\sqrt{(x_1-x_2)^2+(y_1-y_2)^2}$，若$x_1 = x_2$，有

$$x_i = x_1 \tag{5-5}$$

$$y_i = \begin{cases} y_1 + i \times \lambda \times \sqrt{\dfrac{1}{1+k^2}}, & i \times \lambda \leqslant L, y_1 < y_2 \\ y_1 + L \times \sqrt{\dfrac{1}{1+k^2}}, & i \times \lambda > L, y_1 < y_2 \\ y_1 - i \times \lambda \times \sqrt{\dfrac{1}{1+k^2}}, & i \times \lambda \leqslant L, y_1 > y_2 \\ y_1 - L \times \sqrt{\dfrac{1}{1+k^2}}, & i \times \lambda > L, y_1 > y_2 \end{cases} \tag{5-6}$$

$$z_i = z_1 + |y_i - y_1| \times k \tag{5-7}$$

若 $x_1 \neq x_2$ 时，设 $k' = (y_1 - y_2)/(x_1 - x_2)$，有

$$x_i = \begin{cases} x_1 + i \times \lambda \times \sqrt{\dfrac{1}{(1+k^2) \times (1+k'^2)}}, & i \times \lambda \leqslant L, x_1 < x_2 \\ x_1 + L \times \sqrt{\dfrac{1}{(1+k^2) \times (1+k'^2)}}, & i \times \lambda > L, x_1 < x_2 \\ x_1 - i \times \lambda \times \sqrt{\dfrac{1}{(1+k^2) \times (1+k'^2)}}, & i \times \lambda \leqslant L, x_1 > x_2 \\ x_1 - L \times \sqrt{\dfrac{1}{(1+k^2) \times (1+k'^2)}}, & i \times \lambda \leqslant L, x_1 > x_2 \end{cases} \quad (5\text{-}8)$$

$$y_i = y_1 + (x_i - x_1) \times k' \quad (5\text{-}9)$$

$$z_i = z_1 + |y_i - y_1| \times k \quad (5\text{-}10)$$

从地理实体意义考虑，河流是具有完整意义的实体，由介于源头与分叉点之间或分叉点与分叉点之间的河段构成。为了从一体化综合结果点集中提取水系特征点重构水系，采集水系高程因子前，还需建立河流与河段的关系表，并记录根据河段矢量线的ID号标记高程因子。

5.2.2 高程因子的地形增强

水系矢量线上的高程点同时也是地表的高程点，反之却不然，因此，对地貌和水系数据离散化后得到的广义DEM点集中，水系高程点与地貌高程点的数量上具有明显的差异。并且，通常情况下，山区的河流落差大，河流上的高程点提供了丰富的高程信息，河流弯曲属于微弯，对地形的切割作用明显曲；平坦区域的河流落差小，河流上的高程点高程相近，河流弯曲复杂，对地形主要是旁蚀作用（祝国瑞，2004）。相比之下，山

地河流的特征点由于对地形起伏贡献较大，平原河流的特征点对地形起伏贡献较小，因此，在广义DEM的三维综合中更容易保留山地河流的特征点，而平原河流的特征点却不容易被识别。为了使得综合结果中地貌和水系的形态特征信息均得到有效保留，需要对地貌点和水系点赋予权值，以平衡它们在特征点一体化选取中的灵敏度。

相对于地貌高程特征点，水系高程特征点的重要性可分为以下三个等级。①需要特别保留的特殊高程点，相比其他次要地形特征点被舍去，这类要素表达的地形信息在地貌综合结果中将被夸大。②需要在综合过程中特殊考虑的重要约束要素。这类要素对主要地形特征的表达力比特殊约束要素级别较低，但是对地貌基本形态的特征分布具有明显的控制作用。在提取地貌主要地形特征点时，给予较高权重的考虑。③一般约束要素。作为地貌的补充信息参与到综合过程中，在提取地貌主要特征点时，与原始地貌特征点具有相同权重。水系上的高程点具有特殊的地貌物理特性——沿水流方向高程减小最快。本书采用坡度来计算水系高程点的权值，以突出它们的地理特性，同时将地貌高程点的权值赋予一个常数ϑ。

设水系上的有序点集为$\{P\}=\{p_1,p_2,\ldots,p_n\},n>1$，$p_1$为河流汇入口的高程点，$p_n$为河流流出口的高程点，水系点的权值由如下公式计算，即

$$w_i = \begin{cases} \dfrac{1}{Slope(p_i)+1}+\varphi, & 1<i<n, \quad r \geqslant 0 \\ \infty, & i=1,n \end{cases} \quad (5-11)$$

$$Slope(p_i) = \dfrac{z_{i-1}-z_i}{\sqrt{(x_{i-1}-x_i)^2+(y_{i-1}-y_i)^2}} \quad (5-12)$$

其中，常数φ为灵敏因子，由原始数据水系高程点的平均间隔决定，高程点间隔越大，φ的取值越大。$Slope(p_i)$为点p_i处的坡度，通过河流上前

一点与该点组成的直线段斜率计算得到。并且，为了防止水系在综合过程中被"砍头"或"截尾"，河流的汇入口和流出口的权值设为无限大。河流 *AB* 坡度变化与水系点权值分布如图5-9所示。

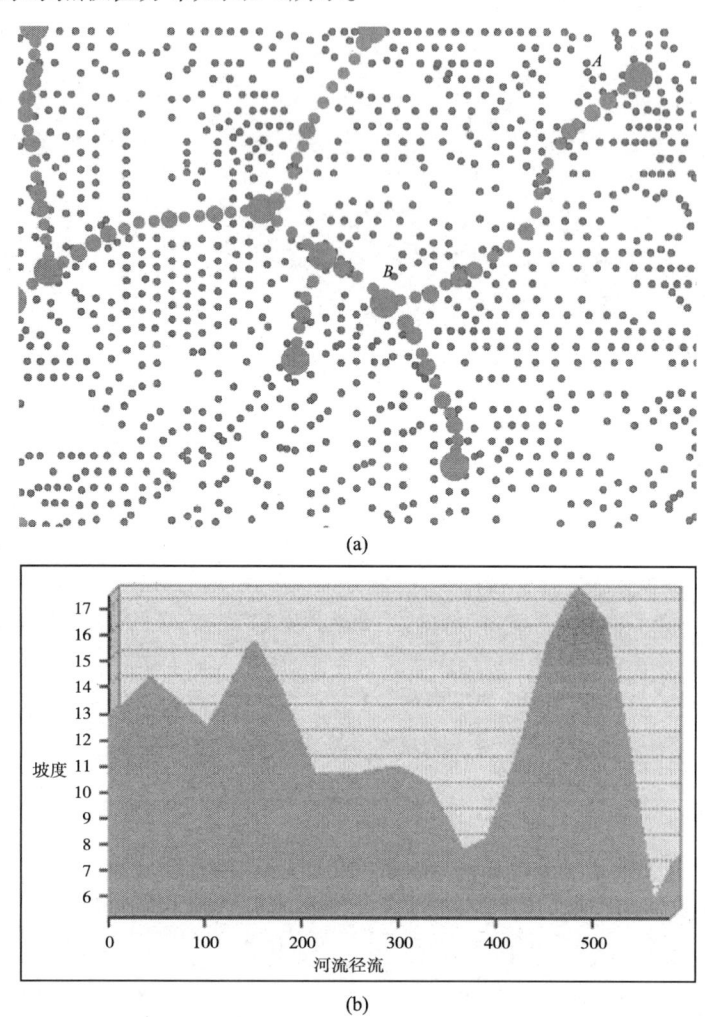

(a)

(b)

图5-9 河流AB坡度变化与水系权值分布

［(a) 浅色点为地貌高程点，深色点为水系点权值分布，点越大表示点的权值越大；(b) 河流AB上的坡度变化］

由上式可知，河流上高程点的权重值与坡度成反比，高程点的坡度越小，其权值就越大，从而使得平坦区域的水系高程点在一体化综合过程中比较容易被保留。结合地貌点与水系点的权值，计算点子到算法基面的加权点面距[见式（5-13）]，将加权点面距与预先设置的选取阈值比较，决定一体化点集中当前点的取舍。

设d_i为一体化点集中第i个点$P(i)$到基面的实际点面距，c为灵敏度平衡系数，w_i为点$P(i)$的权值，加权点面距的计算公式如下

$$D_i = d_i \times (c \times w_i + 1) \qquad (5-13)$$

当$c=0$时，加权点面距等于实际点面距，地貌点与水系点相当于一般地表高程点，之间没有区别，点子在一体化选取中的取舍决定于它们的实际点面距；当$c>1$时，水系点的权值稍大，即使是从点面距上水系点不是地形的重要特征点，但由于加权点面距数倍于实际点面距，而被强行留下，水系的形态得不到化简。因此，c的取值需要根据水系要素在研究区域中的分布和对实际地形的切割程度，通过实验确定。

从坡度统计结果中可知，实验样区河流的坡度在3°~15°变化，为了提高选取水系点的灵敏度，取平衡系数$c=5$。采用3DDP算法的立方法从原始数据集中选取20%的主要特征点，结果如图5-10所示。

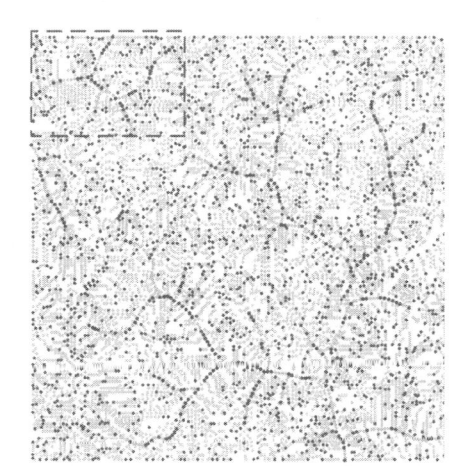

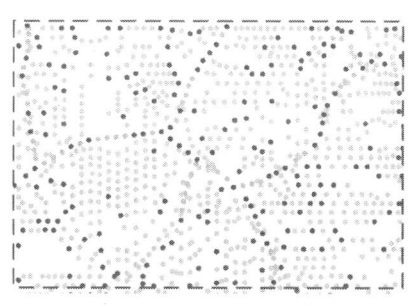

	地貌高程点	河流高程点	总地形点
综合前	9866	758	10502
综合后	1769	333	2102
特征点保留率	17.90%	43.90%	20.00%

图5-10 特征点选取结果
（左：浅色点为原始地貌高程点，深色点为被选取的地貌高程点。右：浅色为原始水系高程点，深色为被选取的水系高程点）

应该指出，对高程点赋予不同的权值，将会引起高程点集在特征点选取过程分异。对于水系高程点赋予较小的权值（或等同于一边地貌高程点的权值）时，水系点在综合过程中等同一般地貌高程点对待，相当于加密地形数据，该点是否被选入结果点集中，由该点对地表形态的贡献量决定。对于水系高程点赋予较大的权值时，例如将特别重要的水系点的权值设为无穷大，那么，即使该点的实际点面距小于给定的阈值，也会由于加权点面距极大而被选上。由于这种"意外"高程点被选取，将会产生综合结果信息的局部突变，可能会引起一些本来未被选中一般高程点在下一轮点面距的考察中满足被选取的条件。经综合后的地表形态被抽象概括，地貌信息将趋向于同质。因此，"重获新生"的高程点，对在全局上保持地表精度和在局部上保持与某种地形要素逻辑精度，起到了平衡作用。

5.3 综合结果的图形再现

5.3.1 水系的重构

采用3DDP算法的地貌水系特征点一体化选取，为顾及地理环境的河流几何形状化简提供了技术手段。一体化选取的结果点集由两部分组成：来源于水系数据的地形特征点和来源于地貌数据的地形特征点。根据原始数据离散化时记录的来源数据ID号，从结果点集中提取出来源于水系的特征点，保留原始水系数据的空间结构特征，对河流要素的DLG数据进行整形处理。

图5-11为综合前后水系以等大图幅的叠加，原始河系用深粗线表示，经一体化综合后河系用浅单线表示。对地形数据的进行分析可知，原始水系属于在山地发育的河系，河流上弯曲呈微弯曲形态。综合后的河系未进行河流的选取操作。在仅保留了43.9%的水系特征点情况下，根据选取出来的水系特征点对河流进行重新整形。河流弯曲的变化类似于"磨角"处理，却没有因"裁弯取直"而变成生硬的折线，形态变化的视觉感受合理

自然。

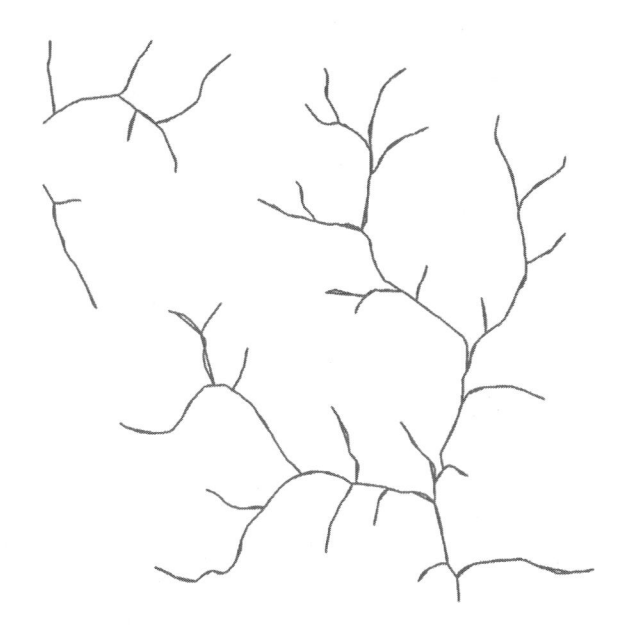

图5-11 综合前后水系的叠加

5.3.2 河流的选取

综合后河系的图形再现还需要考虑地图载负量和河系的空间结构等因素对河流进行选取。从地理实体意义考虑，河流的选取应该对河系中的单根河流进行。在地质结构均匀的情况下，大多数河系中的主流都拥有一批支流，各条支流又拥有许多亚支流，各个层次中支流在主流上的分布情况近乎相同，相邻级别间河流条数、河流平均长度、平均面积和坡度变化之比近似为常数（Horton，1945；Ros和Borga，1997）。这反映了河系几何特征上的层次化自相似性，地貌学中称为Horton定律。研究表明，河流的层次化选取能较好地保持选取前后河流的数量和结构特征（刘春，1998；谭笑，2005；Marco，2007）。基于此，相关研究建立在各级河流的层次化剖分基础上，我们可根据河系的发育特点和图形可视化原则实现综合后河流的选取。

（1）河流的结构化

河流等级的确定是建立河系层次结构的基础。祝国瑞对河网的分布模式进行了归纳，研究了河网结构特征（祝国瑞，2004），Paiva和Egenhofer（2000）对河流的汇入关系也做了详细讨论，可直接利用现有成果。

主流对河系的流向趋势具有最大的影响力，甚至其他支流可能随着它而改变自身的流向，通常长度最长、流域面积最大，其他河流都以锐角汇入（刘颖，2005）。对于大多数的树状河系、羽状河系、平行状河系及格状河系，各支流最终都将汇集到一条主干河流。基于这种思想，可以取综合后河流中的任意一条，判断其是否与其他河流相交，若不与任何河流相交，则该河流构成了只有一条河流的简单河系；若与其他河流相交，判断其交点是否为该河流的末点，如果是，则与它相交的那条河流就是它的父流，再以父流为对象，用相同的方法寻找更上一级的父流……直到找到这样一条河流，它与其他所有河流对象的交点都不是它的末点，那么这条河流就是整个河系的最高一级主流。主流确定之后，可以逆推建立河流层次的树结构。与主流有直接交点的是二级支流，与二级支流有直接交点的是三级支流，以此类推，所有河流的等级都可通过递归的判断确定。通过Horton码来记录管理河流的主次层次关系，河系的等级层次结构如图5-12所示。

以主流作为树结构的根结点，支流为叶子结点，河流与河流的汇入关系用有向弧段表示，图5-13中河系的等级树结构可用图论来描述，并通过河流对象关系表显式记录河流的父子关系（见表5-1）。

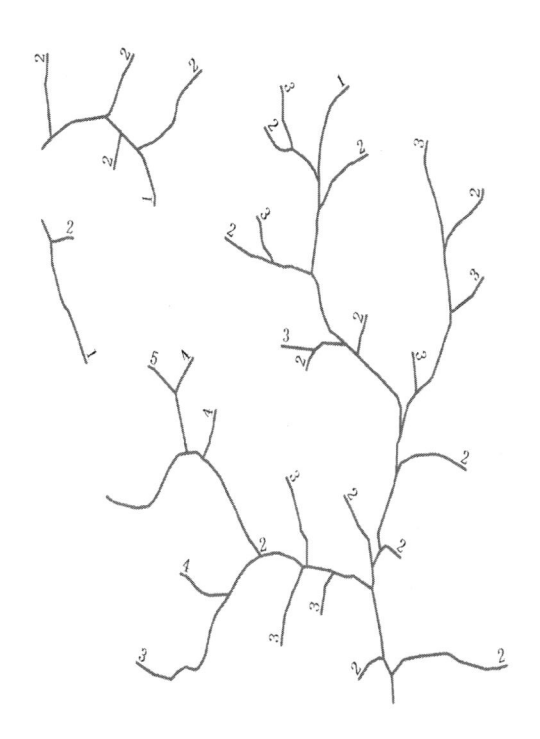

图5-12 河系的等级结构

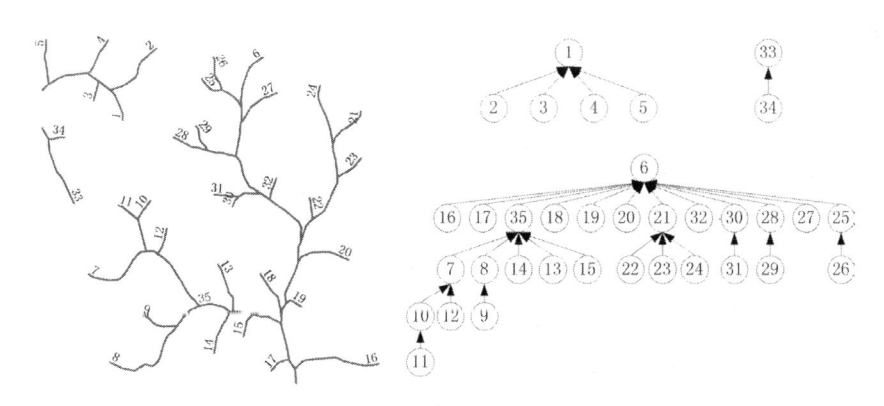

图5-13 河系的等级层次结构树

表5-1 河系对象关系表

河流名称	父流	支流	河流名称	父流	支流
1	null	2、3、4、5	18	6	null
2	1	null	19	6	null
3	1	null	20	6	null
4	1	null	21	6	22、23、24
5	1	null	22	21	null
6	null	16、17、18、19、20、21、25、27、28、30、32、35	23	21	null
			24	21	null
			25	6	26
7	35	10、12	26	25	null
8	35	9	27	6	null
9	8	null	28	6	29
10	7	11	29	28	null
11	10	null	30	6	31
12	7	null	31	30	null
13	35	null	32	6	null
14	35	null	33	null	34
15	35	null	34	33	null
16	6	null	35	6	7、8、14、13、15
17	6	null	—	—	—

（2）河流的图形影响空间

河流在平面图上的几何特征自相似性和树形结构，使得河系通常作为地图的骨架，对地图的平面图形构成空间起控制作用。艾廷华（2007）基于相邻河流的"袭水"空间竞争思想，类似于河流汇水区域的建立，通过构建三角网提取骨架线得到相邻河流的分水岭。采用三角网的空间剖分以三角形为区域单元，每个区域单元划分有三种情况：完全归属于某条河流（三角形三个点均落在同一条河流上）、二分归于两条河流（三角形三个点分别落在两条河流上）和三分归于三条河流（三角形三个点分别落在三条河流上）。基于场论观念，本书作者将地图区域看作是均值的图形空间，每条河流作为空间控制源向外辐射，势力大小取决于河流自身的质量

（长度），地图的连续空间将被河流的空间竞争划分为若干势力范围，河流对其势力范围内的点比其他范围内的点的控制力更强。

Voronoi图具有势力范围特性，以空间目标为生长核可将连续空间剖分为若干个Voronoi区，每一个Voronoi区中只包含一个生长核，Voronoi区中的任意点到对应生长核的距离比到其他Voronoi区中的点到该生长核的距离更近（Chen和Zhao，2004；艾廷华，2006），因此，河流的图形影响空间的划分可通过构建Voronoi实现。

平面线集的Voronoi图可以通过栅格等速扩展算法求得。将河流矢量线划栅格化得到二值图，以河流ID号作为对应河流栅格单元的灰度值。采用八邻域作为结构元，以相同的速率对各条河流的影像进行8方向扩张；每扩张一次，需判断扩张到的3个是否被占用；若被占用，则次栅格为对应河流影像的Voronoi边界栅格；若没被占用，则继续扩张……直到所扩张的栅格均被占用时扩张停止。根据河流ID号及边界栅格的走向提取各条河流的Voronoi边界，如图5-14所示。

图5-14 各支流的图形影响范围

地图被各条河流的Voronoi区分割为若干子区域，每个子区域的范围代表相应河流的影响空间。对于地图空间来说，河流的影响空间范围越大，对整个地图平面构成越重要。从图中可知，河流的影响空间与河流长度成正比，这也符合将河流长度作为判别标准的河流选取原则。同侧相邻河流由于相互距离较近而存在强烈的空间竞争关系，那么，挑选具有较小河间距河流时，具有更大影响范围的河流将会在竞争中胜出。

由于河系是具有高度层次化的结构系统，河流对地图空间的控制作用还取决于它在河系结构中的地位。主流总是比支流具有更高的级别，对河流的删除应该首先针对支流进行。因此，根据河流的发育特性，主流的控制区域应该是其自身河道的控制区域与其所有支流的控制区的并集（如图5-15所示）。

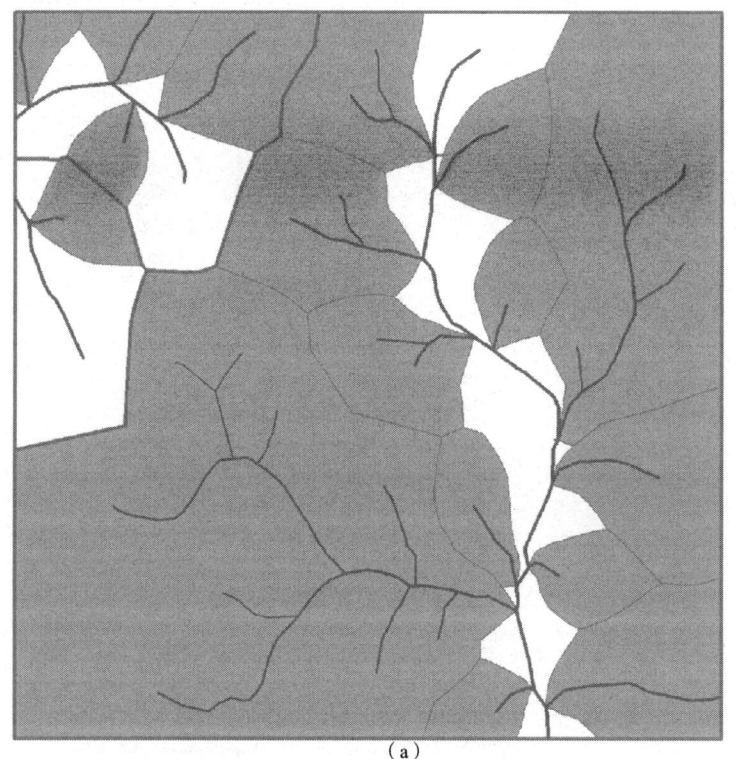

(a)

图5-15 各级支流系统的地形影响范围

(b)

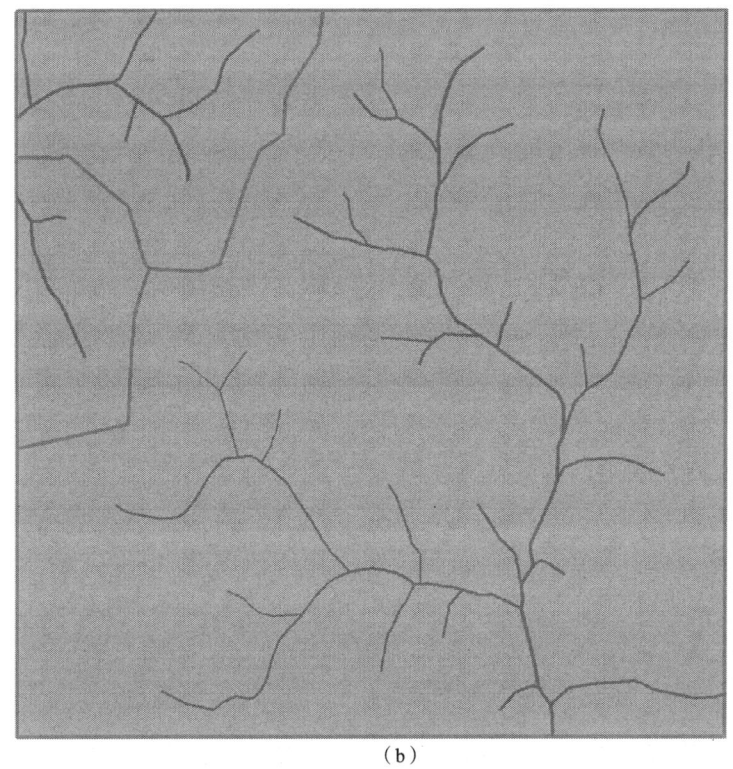

图5-15 各级支流系统的地形影响范围（续）

[（a）二级支流系统的图形影响范围；（b）主流系统的图形影响范围]

（3）河流的长度指标

河流的选取通常采用长度指标作为依据。符合上图标准的河流长度最小尺寸可以结合地图用途和视觉可辨规律，采用数理统计方法研究河网密度之后确定（见表5-2）。由于河流的分布连续而地图空间有限，还应根据不同的河系类型或不同的河网密度调整河流的选取标准。如已知综合前河流数量，也可采用"定额法"根据综合前河流的数量确定综合后河流应保留的条数，然后对河流长度进行排序，以保留下来的河流满足要求时的河流长度调整河流取舍的标准。根据Toper法则（Toper和Pillewizer，1966），比例尺缩小后，同一类制图物体在地形图上的数量变化与比例尺的变化成正比。河流的选取数量可以采用公式 $\frac{n_1}{n_2} = \sqrt{(\frac{1/M_1}{1/M_2})^\mu}$ 计算，其中 n_1 为综合前河流的实际数量，n_2 为综合后应保留的河流数量，M_1 与 M_2 分别为综合前后地形图比例尺的分母，μ 为经验系数，包含符号尺度系数和物体重要性的考虑（祝国瑞，2004）。

表5-2 我国河流选取标准的参考值（祝国瑞，1989）

河网密度分区	河网密度系数/（km/km²）	图上河流选取标准/cm 平均值	图上河流选取标准/cm 临界标准
极稀区	<0.1	基本上全部选取	
较稀区	0.1~0.3	1.4	1.3~1.5
中等密度区	0.3~0.5	1.2	1.0~1.4
中等密度区	0.5~0.7	1.0	0.8~1.2
中等密度区	0.7~1.0	0.8	0.6~1.0
稠密区	1.0~2.0	0.6	0.5~0.8
极密区	>2.0	不超过0.5	

综合后河流的图形再现应该以平面图上的二维距离作为选取标准，可通过公式 $D = \sum_{i=1}^{n} f(d_i)$，$d_i = \sqrt{(x_i - x_{i-1})^2 + (y_i - y_{i-1})^2}$ 来计算。式中 n 为河流中河段的个数，第 i 个河段的长度 d_i 由河流上的第 i 个点 $P(i)$ 与前一个点 $P(i-1)$ 的坐标计算得到，$f(d_i)$ 为河流实际长度到地图上长度的映射函数（毋河海，2004）。为了便于计算，本书假设河流的实际长度与图上长度的映射关系与比例尺成正比（祝国瑞，2004），即有 $f(d_i) = d_i / \sqrt{M}$，M 为地图比例尺的分母数值。

（4）河流选取的基本原则

对河流的选取作决策需综合考虑河流长度、河流等级、河流对图形空间结构的影响等因素，还应遵循如下基本知识规则（刘颖，2005）。①判断河流是直接汇入上一级父流的源头还是中间河段。若该支流汇入其父流的河源，而其父流符合选取条件将被选取，那么该条支流也必须被选取，作为父流的源头部分，从而保证河系中其父流河道的长度不至于缩短。若有两条或两条以上河流均直接汇入父流源头，同时又不符合被选取的条件，则保留其中最长的一条河流。②判断河流是否交于图廓边（有面状水系要素还需考虑是否汇入湖泊、水库等水体）。交于图廓边的河流通常是假支流，可能是与邻图其他河流连接（或是入海、入湖的河流），需要结合地图范围外的河流数据进行判断。③河流的选取应反映河系类型特征及河网密度对比。例如，树状河系应选取与主流呈锐角相交的河流，格状河系应选取与主流近似垂直的河流，平行状河系应选取平行于主流的河流。并且，河系中河网密度大的区域保留较多的河流，河网密度小的区域选取较少的河流。④选择具有重要意义的河流。对于境界线通过的河流或界河、独流入海的河流、湖泊的进水河和排水河、缺水区的河流应专门保留。

基于知识规则的河流选取涉及人工智能方法，也有相关学者对其进行了实验性的探讨（武芳，2007）。考虑知识的河流选取和河流符号化绘制不在本书的研究范畴，并且该过程可直接利用现有成果或通过人机交互实现。当原始数据的比例尺为1∶10万，综合为1∶25万时，根据祝国瑞（2004）所给出的树状河流选取系数表，河流选取数量计算公式中的经验系数μ取0.98，因此，应选取23条河流。仅考虑河流长度，结合河流长度与图形影响空间，以及考虑河流长度、图形影响空间与知识规则的河流选取结果对比如图5-16所示。

广义DEM与地貌水系一体化综合

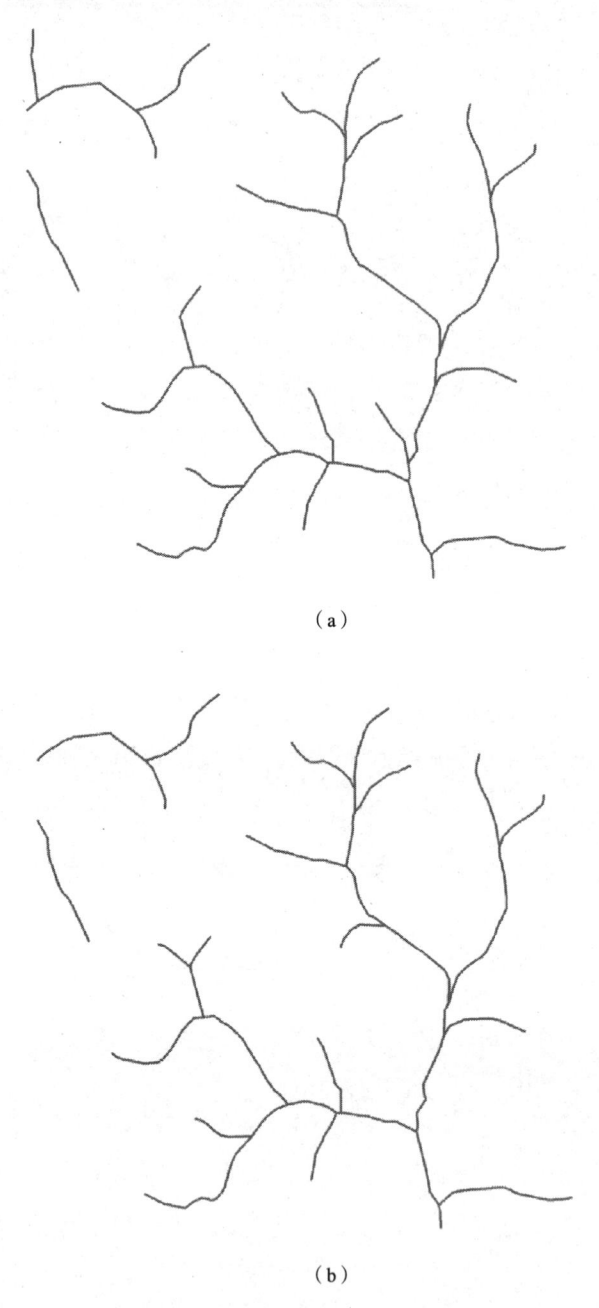

(a)

(b)

图5-16　三种方案的河流选取结果

（c）

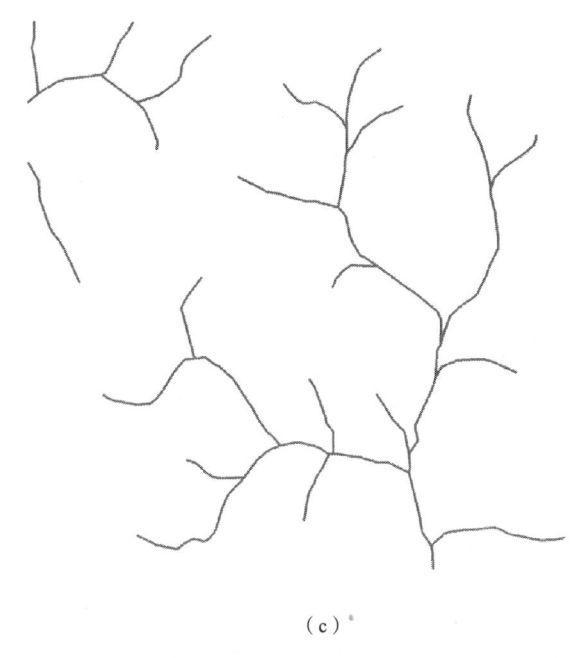

图5-16　三种方案的河流选取结果（续）

[(a)仅考虑河流长度的选取结果；(b)结合河流长度与图形影响空间的选取结果；(c)考虑河流长度、图形影响空间与知识规则的河流选取结果]

5.3.3　等高线的协调显示

等高线在表现地势起伏方面具有良好的直观性和可量测性，成功解决了利用二维平面表示三维连续变化的地表现象的难题，是地形图上表达地貌形态最理想、最科学的方法（吴艳兰，2004）。通过对等高线图形的综合达到对所表示的地貌形态的综合是实现地貌综合的主要技术手段之一，也是综合后地貌形态可视化表达的常用形式。根据3DDP算法的基本原理可知，地貌与水系一体化特征提取的结果是一系列描述地表主要特征的广义地形特征点，既包括分布于山脊、山谷、山坡、平地上的地貌高程特征点，也包含沿地表径流路径分布的河系地形特征点。因此，本书中一体化综合结果的地貌图形再现通过对综合后地貌内插等高线组来实现。

事实上，从不同分布形式的地形特征高程点集（广义DEM，例如不规则分布离散高程点集，RSG高程点集，特征线或特征面上的高程点集）内插等高线是计算机辅助地图制图的基本任务之一，是地形建模领域中发展最成熟、应用最广泛的技术成果。国内外的众多学者在这方面的研究取得了很多的成果。按照数据的组织方式，等高线内插大致可归纳为基于规则格网的矢量法、栅格法和基于不规则三角网的矢量法。由于等高线内插技术不在本书研究范围，可直接利用现有成果对综合后地貌数据引绘等高线。

等高线的内插应遵循以下原则。①单根等高线上采样点高程值相等并且唯一。理论上等高线是某一个高程水平面与地表的交线，同一水平面上各点的高程必然相等，均等于水平面的高程。②单根等高线为封闭的曲线。地表实体具有封闭的边界，无限延展的水平面与之相交所得的曲线必然也是闭合的。③单根等高线在空间上连续。等高线在地面上有准确的位置，却有没有具体的痕迹，是一种特殊的地形特征线。根据原则②，等高线也应该是连续的。④相邻异高等高线不相交。无限微分的地表上任意高程点都只有唯一确定的高程值，不存在二义性。因此，高程不同的相邻等高线必然不相交。⑤相邻等高线竖向不连续。等高线实际上是以离散的方式来表达连续的地形表面。单根等高线总是一侧高另一侧低的地形差异，相邻等高线之间具有高程突变性。⑥等高线成组协调。相邻等高线之间的关系有且仅有递增、递减和相等三种，几何形态上具有平行性和几何相似性，曲线弯曲成组套合。⑦与水系要素关系协调。水系具有从高处流向低处的严密高程逻辑，因此，水系中心线的方向从较高等高线指向较低等高线，与单根等高线有且只有一个交点，位于等高线谷地弯曲的曲率最大处且与等高线正交。⑧等高距的设置正确反映地表特点。由于等高线的不连续性，等高线越密集，对地形的描述就细腻，反之，对地形的越描述粗糙。

本书中等高线的协调显示包含两层含义：成组等高线的协调显示和等高线与水系图形的协调显示。根据广义DEM的基本思想，在一体化综合结果中的水系地形特征点也作为地貌特征点的一部分参与等高线的内插。对经一体化特征选取保留下来的所有地形特征点以10m、20m和40m内插等高线，如图5-17所示。由于内插源数据点来源于原始地表上的高程采样点，采用适当的内插方法引绘得到的等高线可以严格保证等高线不相交，避免了等高线几何图形的拓扑冲突。并且内插数据保留了原始地貌的整体形态和各向异性特点，等高线的成组弯曲套合协调。我们进一步将等高线与综合后的水系图形进行叠加，实验表明，两者之间的协调关系令人满意（如图5-20所示）。

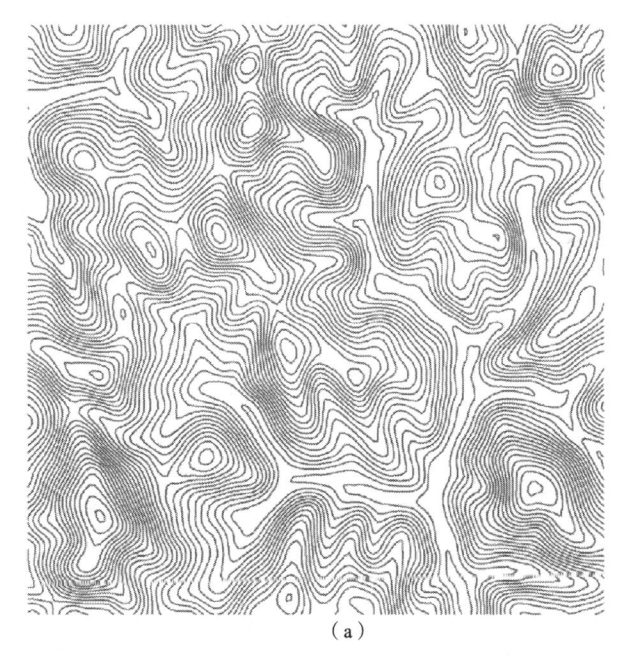

(a)

图5-17　一体化综合后内插的等高线

（b）

（c）

图5-17 一体化综合后内插的等高图（续）

[（a）等高距为10m；（b）等高距为20m；（c）等高距为40m]

5.4 一体化综合结果分析

综合前后地貌等高线的形态变化如图5-18所示。综合前地貌等高线用细线表示，等高距为10m，综合后地貌等高线用粗线表示，等高距为40m。为了便于比较，将综合前等高线中对应于综合后等高线的同名等高线用深灰细线描绘。通过对比可知，综合后等高线的变形始终围绕着原始同名等高线左右摆动，最大变形均不超过等高距的1/2。等高线化简在不同的地形区域略有不同，但都符合实际地形特征，且形态变化自然。A区有一条较大的干流经过，地形发育相对稳定，此处的等高线以填平沟谷为主，此消彼长，间接夸大了正向地貌。D区则彻底删除了等高线弯曲，等高线沿山谷的外缘越过脊部，由凹变凸，脊部融合到整个大地形中，突出了负向地貌。原始地貌中B区发育着两条沟谷，对应有两条较小的支流经过。综合后对支流进行了取舍，等高线方面表示沟谷的两组弯曲合并为一组更大的弯曲，等高线形态过渡平滑。类似地，C区有一条较长的河流，河流经过的沟谷等高线弯曲得到正确保留，同时相邻的没有河流经过的沟谷，其等高线弯曲则被抑制。此处东北—西南走向的山脊上山头分离，综合后鞍部消失。E区和F区则表现为等高线弯曲的弱化，正负向地貌综合效果折中，但地貌特征性质不变，即原来为山谷综合后仍为山谷，原来为山脊化简后仍为山脊。

图5-19为综合前后水系的叠加图，以深色内层线表示综合前的水系，浅色外层线表示综合后的水系，进一步对水系形态的化简进行分析。河流几何形状的化简结果也较好地符合了制图综合的图形概括的基本原则。①保持河流弯曲的基本形状。河流上游以下切为主，呈浅弧状弯曲；干流发育稳定，转折明显，大部分为钝形弯曲。一体化选取的水系特征点保留了上下游河段的弯曲类型特征，从而也正确保持了各河段的弯曲程度对比。②河流的长度不过分缩短。由于赋予了河流汇入口与流出口高程点较大的权值，综合结果中河流的两端在水平面上的投影不会收缩。对实验

广义DEM与地貌水系一体化综合

区域内河流的三维长度变化进行统计（见附录），单条河流因图形概括引起的长度损失最大约为原长的4.2%，河流总长损失约为原长的0.76%。③河流的主支流关系正确。化简后的水系并没有生硬地强行保留原始水系的树枝状结构类型，而是在河流汇入口处支流与主流的方向仍然呈锐角相交，遵循流水作用的规律，即支流汇入主流时流水方向倾向于主流方向。

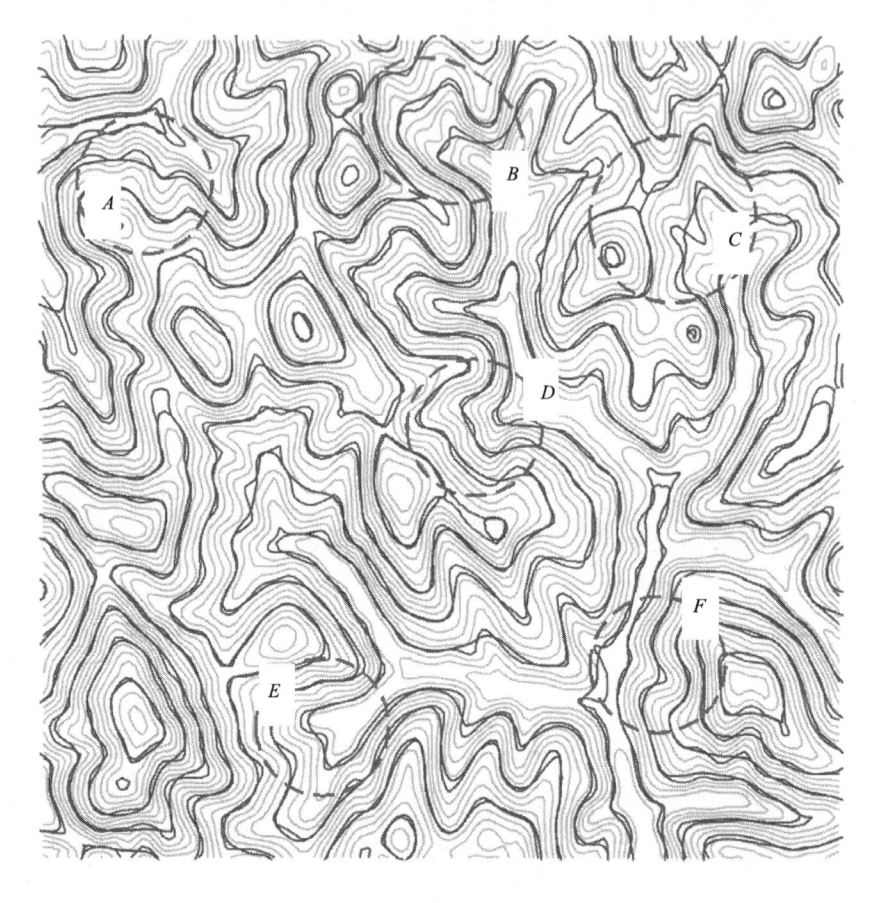

图5-18　综合前后等高线的叠加图

（细线为原始等高线，粗线为综合后等高线）

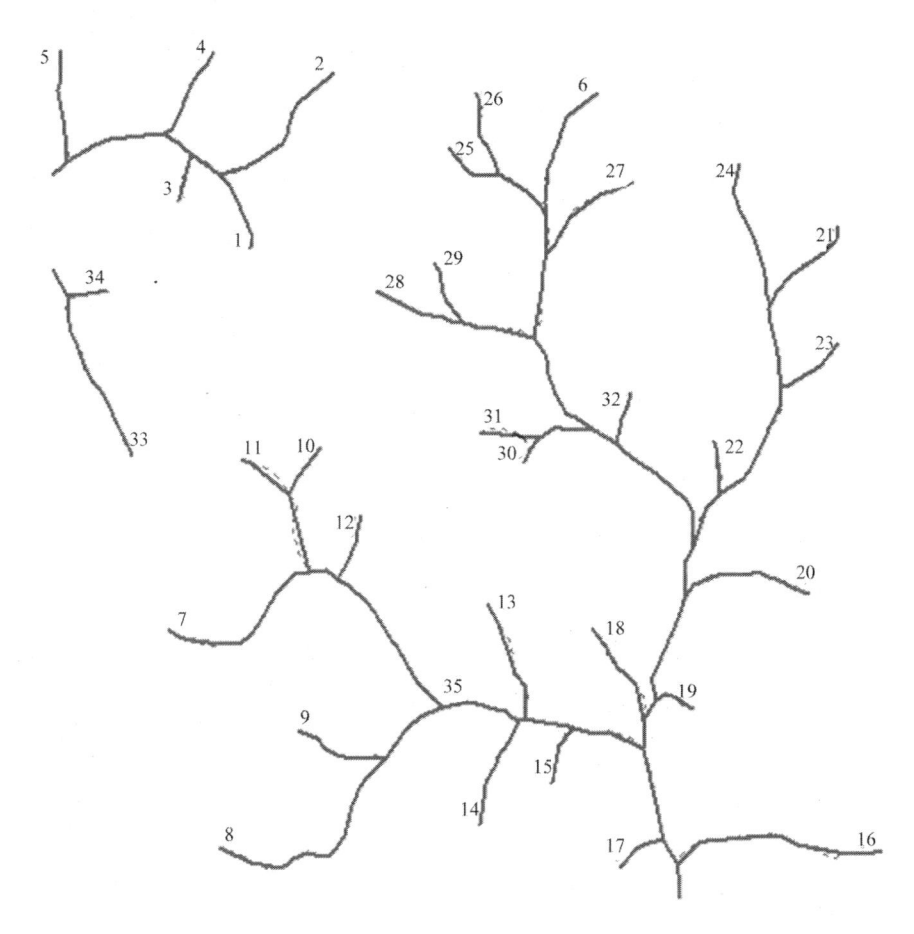

图5-19 综合前后水系的叠加图

图5-20用等高线表示地貌综合结果，等高距为40m，实线表示水系综合结果，形态被化简但不满足综合后上图标准的河流用虚线勾绘。经过一体化综合后，保留的地形特征点仅为原来的20%（如图5-10所示），尽管如此，综合后地貌与水系的图形表达间仍然保持着良好的协调套合关系。通过分析综合过程可知，对水系形态的概括不是单纯依赖于自身的几何特征，而是将水系作为整个地形大环境中的一个组分，水系的化简也针对了地表形态特征。对于地貌形态的抽象概括，水系地形点在地形特征点的提取时补充了河流径流上的地形信息，综合后的等高线内插也将水系特征点

广义DEM与地貌水系一体化综合

作为地形特征的一部分，因此，等高线的形态化简和可视化都体现了水系分布态势。例如图中的A区和D区，等高线V形弯曲表明河流对局部区域地形的切割作用明显，河流综合结果表现为线形平直；等高线U形弯曲表明地势相对平缓，综合结果河流的弯曲较大，符合地形缓和区域河流以旁蚀作用为主的地貌规律。B区和C区，在实线河流经过的区域，等高线的成组弯曲与河源的发育方向一致；而对于那些不满足上图标准的河流，即虚线河流，它们在地理空间数据库中实际并未消失，对地形的塑形作用也真实存在，等高线以较浅的弯曲自然地描述了相应的谷地。

图 5-20 综合前后河流与等高线的套合结果

　　地貌与水系一体化综合思想建立在现实世界中地貌与水系要素天然协调关系的基础之上，它们的形态信息同源——都来源于相同的地理空间，以不同的方式描述相同的地表形态。广义DEM的基本内涵又为两者形态特征因子的归一化提供了可能。实验表明，采用3DDP算法从三维的角度对它们的特征点进行一体化判断和提取，地貌和水系的空间形态既能被合理化简，同时两种要素综合结果的图形表达又能很好地保持它们之间的和谐关系，可以获得良好的制图效果。

本书目前只对中山地区进行了实验分析，地貌与水系一体化制图综合的实现，须考虑对于不同水系类型，如羽状水系、辫状水系、面状湖泊等的水系，如何能够适当调整它们的高程点在一体化地形特征点选取过程中的权重问题，是我们要继续研究的任务之一。

5.5 小结

本章深入剖析了制图综合中地貌与水系要素在现实世界中的和谐关系，以及目前分版制图综合所遇到的困难。从广义地形的角度，无论是地表高程点还是水流路径上的高程点，它们都表征了地貌高低起伏的形态，即虽然它们具有不同的数据组织形式和空间分布密度，但在高程描述上具有相同的性质。根据广义DEM的基本思想，它们都可被纳入三维地形信息点，进行一体化的三维综合。

地貌水系一体化制图综合包括两个有序过程：地形特征的一体化提取和综合结果的图形再现。本章基于广义DEM的地貌三维综合模型，提出了地貌与河系一体化综合的具体实现流程与算法。

地形特征提取部分：①若空间数据库中不存在三维的水系要素数据，可通过空间内插技术首先将水系三维化；②采用离散化方法提取地貌和水系的三维离散高程点；③采用3DDP算法从地貌形态的角度一体化提取地貌和水系要素的地形特征点；考虑到水系高程点的平均分布密度远小于地表高程点的平均分布密度，以及制图综合中水系形态对地表形态的控制作用，通过赋予水系高程点较高的权值，以提高水系高程点相对于地貌高程点在特征点选取过程中被选取的可能性。

图形再现部分：①保留原始水系的发育的结构层次，根据一体化地形特征点选取结果对水系进行重新塑形；②根据图形显示的制图要求，考虑水系的空间结构和地图载负量对水系进行选取；③结合水系、地形数据回放地貌和水系的制图符号；④本章重点讨论了地貌与单线河系一体化制图综合的实现，从方法论的角度看，对于地貌与其他水系要素的一体化综合也具有指导意义。

第六章 关于两个重要问题的讨论

一个功能良好的地图自动综合方法应能达到综合过程可控、结果（精度）良好。但是目前这两个问题即使对于整个地图综合领域来说，都还处于初步讨论阶段，无数的问题尚待解决。因此，在本书的研究中也并不期待能为此提出一劳永逸的解决方案，而是将此作为一个附带内容进行有限的讨论。

在本章中，对于第一个问题，本书从广义DEM的角度出发，初步论证了相应的算法、流程及其可行方案；对于第二个问题，本书对现有方法做了一定评述，并认为广义DEM概念的提出在某种程度上能够有助于问题的解决。

6.1 讨论一：综合程度的自动控制问题

6.1.1 问题的提出

关于制图综合问题，长久以来，地图学和GIS领域相关学者进行了大量的积累性工作，针对各种地理要素和综合目的提出了许多行之有效的综合算法，也研发了一些相关的综合系统。尽管如此，各种新模型、新算法和综合系统大部分都只停留在研究阶段，在实际生产过程中难以得到真正的应用（邓红艳，2006）。分析其原因，主要在于缺乏对综合过程行之有效的综合程度控制手段，导致综合研究成果往往不能给生产者以使用的信心。他们常常提出类似这样的问题："用你们的方法能把1∶1万的等高线综合成1∶5万的吗？"

事实上，如何能正确控制综合程度，获得满足人们要求的综合结果，这在传统的手工地图制图综合中也是不容易说清楚的问题。在传统的人工制图综合中，主要依靠有经验作业员的专业积累，根据制图综合中目标选取和图形化简的基本规则，决定如何进行从大比例尺到小比例尺的地图缩编工作，然后采用目视法来评价综合结果，再对综合结果进行局部修改。由于不同的制图员对综合程度的理解不同，根据同一较大比例尺地图综合得到较小比例尺地图，在内容上往往是有差异的。而对于地图综合结果的评价通常是定性的，受评价人的知识背景、地图用途等多种因素的影响，对评价标准把握程度也有差异，导致可接受的地图综合结果也不止一个。

6.1.2 关于综合程度控制的基本思想

综合程度是一个抽象而模糊的词语，根据不同的综合目的及其相关任务要求，它可以有不同的含义。从知识获取的角度，综合是人们认识客观世界的一种思维方式和手段，"一个人面对的数据越多，超过一定的详细程度，他所能获得的对信息的描述就越少，获取的知识也越少"（Muller，1992），综合程度含有更多"抽象程度"的意义（Goodchild，1999）。从信息传输的角度，综合是在给定的精度条件下减少信息传输代价，综合程度可以理解为减少数据的复杂程度，同时尽量维持数据的空间精度、属性精度和逻辑层次，例如地图可视化中"地图比例尺"的概念（郭庆胜，2000）。从数据处理的角度，综合还可以是对数据的选取和数据量的压缩，综合程度涉及数据中包含的或可辨的最小目标或要素，以及在单位范围（单位空间或时间）内的采样密度和粒度（艾廷华，2005；刘凯，2008）。随着综合的内涵和外延在不断地变化和更新，综合程度的含义仍处于不断丰富的过程之中。

尽管如此，综合程度的自动控制也并非无法实现，否则无论是地图综合或是地理信息综合就失去了意义。首先，综合程度应该是与尺度相关的，特别是在地理空间数据从大比例尺、高分辨率状态到小比例尺、低分辨率的变化过程中，综合程度相当于变化的控制器，对空间信息的获取、处理、传输与转换起控制作用。其次，综合程度的控制可以是一个反复调整的过程。综合算法通过参数的设置与综合程度相关联，有时综合参数可能不止一个，不同的参数组合往往得到不同的综合结果；或者初始的参数设置不一定能够达到预期的综合程度，综合程度可以通过反复调整参数逐步逼近。最后，综合程度的评估应该以目标比例尺下应具有的信息含量为准则，这样综合程度的控制才能有据可循。

6.1.3 关于综合程度的自动控制方法

我们将目标比例尺下、标准综合程度、标准图幅下的地貌信息量作为综合需要达到信息量的最佳程度，通过调整综合参数作为趋向预期综合程度的手段。首先，设阈值变化步长 $delta\_s = \varepsilon$，根据初始阈值 ε 获得当前综合结果。将当前综合结果与期望综合结果进行比较，若当前综合结果综合程度小于期望综合结果的综合程度，则以同倍变化步长增大阈值，即 $delta\_s = delta\_s$，$\varepsilon = \varepsilon + delta\_s$；反之，则变化步长缩小为原来的一半，有 $delta\_s = delta\_s/2$，$\varepsilon = \varepsilon - delta\_s$。然后，将新的 ε 带入下一轮的综合运算，并对综合结果的进行判断……直至综合结果与期望综合结果相等或者最接近，则运算停止，此时的 ε 即是达到最佳综合效果的综合阈值（如图6-1所示）。

最佳阈值 ε

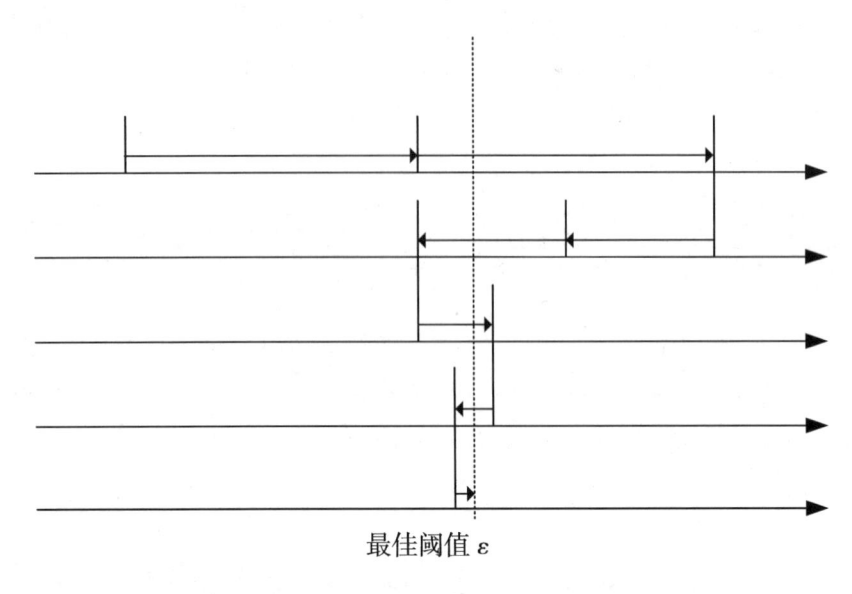

图 6-1　智能阻尼振荡法确定最佳综合阈值 ε 的基本原理

这种迭代调整综合阈值以达到期望综合程度的方法类似于电力学中的阻尼振荡原理，有数理规律可循，易于实现电算化。当综合程度不满足要求时，能够敏锐地判断如何朝更接近目标的方向调整阈值。我们称之为智能阻尼振荡法。

基于广义DEM的地貌综合通过提取表达地表主要形态特征的高程点集来实现。换言之，地貌形态的化简建立在对高程点数据压缩的基础上。但是地貌综合不等同于地貌数据的简单压缩，还应评判对数据的压缩是否达到相应合适的信息量。用预先约定好的对应地貌类型、相同图幅、标准综合程度应有的信息总量作为标准，将某个数据压缩状态下的地貌信息量与之比较，该比较的结果反过来指导调整数据量应有的压缩比。由此，采用智能阻尼振荡法自动控制综合程度应该包含两重迭代过程即数据量压缩的迭代控制过程和信息压缩的迭代控制过程，如图6-2所示。

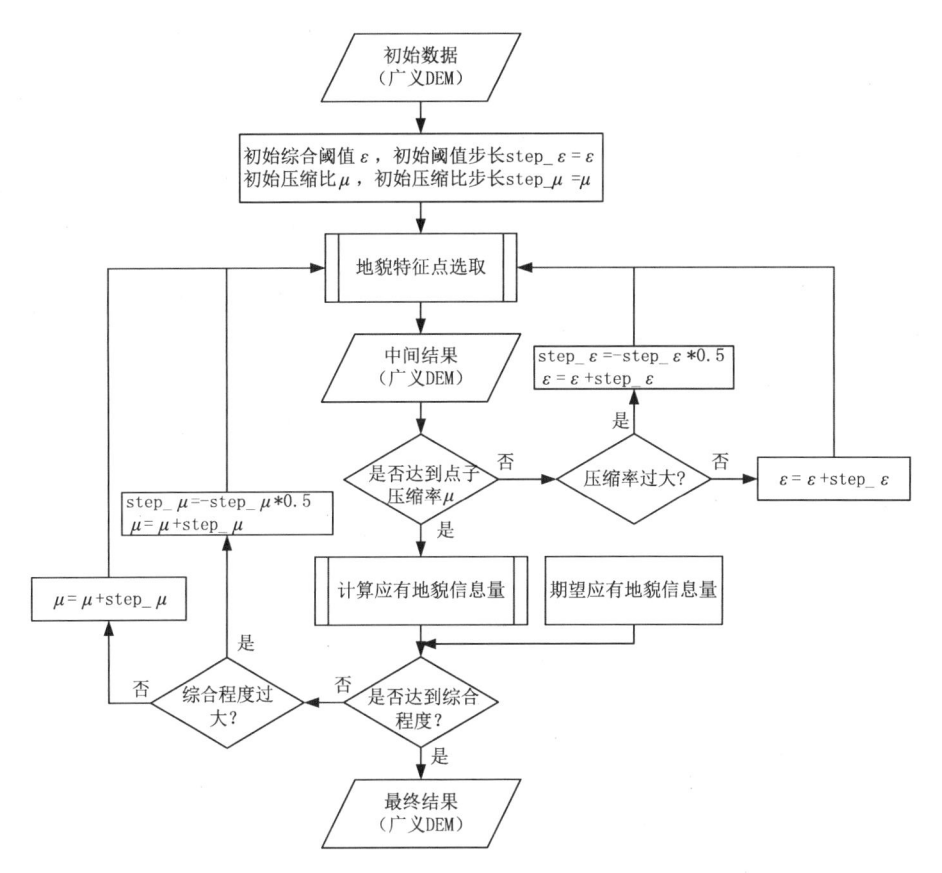

图 6-2 采用智能阻尼振荡法自动控制综合程度的流程

第一重迭代是根据数据量压缩的要求,自动调整综合阈值。若数据量压缩程度过大,需要减小综合阈值;反之,若数据量的压缩程度过小,则需要增大综合阈值……直到获得适合的数据压缩比,第一重迭代结束,进入第二重迭代控制过程。第二重迭代是根据信息压缩的要求,自动调整数据量压缩比(确定为了达到在某地貌类型、某固定图幅下应有的目标比例尺的信息量所应有的点子临时压缩比)。首先,判断数据量上的变化引起的数据信息的变化是否满足需要。如果满足需要,则综合结束。否则,当信息压缩程度过大时,说明数据的压缩量较大,则减小数据压缩比参数;

171

若信息压缩程度过小时，说明数据的压缩量也较小，则增大数据压缩比参数。然后，再次进入下一轮的控制循环，直到获得综合结果比例尺下的应有信息量时，整个受控综合过程结束。

6.1.4 关于地貌信息量的量化方法

由上述自动控制综合程度的流程图可知，计算综合结果地貌应有信息量对于自控控制综合程度具有十分重要的作用，需要引入地貌信息的定量描述方法，为自动控制综合程度提供依据。

目前，关于地貌信息量的研究较少，主要是从地形数据的不确定性角度进行。认为不同比例尺DEM数据的地形信息存在着明显的差异，表现为随着比例尺减小，坡度、剖面曲率取值的不确定性降低，即DEM的总体信息熵逐渐减少（陈楠，2004）。这显然是将地表高程点的高程值看作是随机事件，由此信息熵的度量得以引入。地貌形态具有空间连续性，高程点的高程值分布可以看作是不规则的一般状态（规则是不规则的特例），但是它们的数值并不是随机，而是具有一定程度的相关性（Bjorke，2002）。信息熵是狭义信息论中用来度量随机概率事件不确定性的指标，用信息熵来表示地貌信息含量还有待进一步探讨。

广义信息论认为，信息无处不在，是"被反映"的特殊性，并且应能够度量（鲁晨光，1983）。对于地貌要素这样一种连续存在于三维地理空间中的体对象，在水文学研究领域中，常用地表粗糙度来反映地表起伏变化和侵蚀程度的宏观变化（汤国安，2005）。因此，采用地表粗糙度作为量化地貌信息含量的指标具有一定的宏观适用性和可操作性。

设地表的曲面面积为 $S_{曲面}$，对应投影在水平面上的面积为 $S_{水平}$，地表粗糙度 R 可采用如下数学公式计算，即

$$R = S_{曲面} / S_{水平} \qquad (6\text{-}1)$$

地表粗糙度相当于对综合后地表面积进行标准化处理，量算单

位水平面积上的地表起伏。事实上，通过本书4.6.2节中对于评价采用3DDP算法的地貌综合实验分析可知，综合结果表面积的变化与综合程度有关，用地表粗糙度的变化指示地貌信息量的变化具有可行性。

6.2 讨论二：地貌综合结果的评判问题

6.2.1 地貌综合结果评价的现有方法

传统的地貌手工综合以等高线为对象，对地貌综合结果的质量评价即是对等高线综合结果的评价，通常以经验总结和定性分析为主。要求以正向地貌为主的地形主要合并相邻的山脊，突出正向地形；以负向地貌为主的地区，删除次要正向碎部，突出负向形态；单根等高线的变形误差不小于1/2等高距，等高线弯曲删除的笔调自然；成组等高线相互之间的空间拓扑关系正确并保持良好协调性；基本地貌单元的综合能准确反映出地理特征（GB 12343—90）。

地貌综合是对地形信息从详细到概略的数据处理过程，综合操作是派生得到小比例尺地形数据的重要误差源之一（卢华兴，2008）。也有部分学者从数据精度质量方面评价地貌综合结果。例如，比较综合前后地形数据高程范围变化，包括高程最大最小值、高程均值等指标（刘春，2004）；比较综合前后采样点集合的平均误差、中误差、均方差等，以及综合前后坡度值范围、均值及坡度分级（王建，2007）；获取竖直面与地表切线或水平面与地表切线（即等高线），用可视化或数据统计的方法比较综合前后对应断线的变形量（Li和Openshaw，1992；Visvalingam和Dowson，1998；Cetinkaya和Aslan，2006）；对于综合前后地形内插得到的等高线，还可以计算各曲线上微小片段的弯曲情况的信息熵，对曲线的信息熵进行累加，从而评估该条曲线的形态信息变化（Bjoke，1996）。

上述评价方法从不同侧面关注了综合引起的地貌形态变化，要么是概念层上的定性描述，评价的实现依赖于人的理解。要么局限于数据精度的某个方面，不具有普适性。采样点误差法的评价结果与采样点的分布有关，即使采样点满足数据精度要求，也不能说明采样点对于地形的主要特征具有代表性。

6.2.2 基于约束的地貌综合结果评价讨论

作为三维空间中的一种对象，地貌的三维连续性使得地表形态信息无法机械地分解，而必须以其整体功能来进行表意。因此，对于地貌综合的质量评价标准也多种多样，其中既有精度上的要求，也有语义上的要求，甚至还有心理感受等也参与其中。例如，A. H. 罗宾逊就认为综合是一个高智能的视觉过程，综合质量的评价涉及大量抽象的形象思维和逻辑思维（吕秀琴，2008）。对地貌综合结果的评价也一直是领域内的难点之一，目前尚未有效解决方案。基于此，本书将从地形精度、地形描述、地形逻辑、地形典型化四个方面来进行一定的理论探讨，以期抛砖引玉，为后续的研究创造一定的条件。

（1）地形精度评价

综合后得到的地貌数据即是经综合处理派生得到的地形数据，也是空间数据库中的重要内容。因此，USGS2006规范提出：对高程精度的检查采用每幅DEM至少选28个检查点，其中图幅中间至少有20个检查点，图幅边缘至少有8个检查点，通过计算这些点在垂直方向上的中误差（Root Mean Square Error，RMSE）来描述DEM的垂直精度。这种方法被广泛应用于DEM数字产品质量的检查，其真正价值在于从整体意义上描述了地形表高程与其真值的离散程度，提供真值可能存在的范围（汤国安、刘学军等，2005）。关于DEM精度评价，国内外有丰富的研究成果，研究普遍认为采样点中误差建立在合理的误差频率分布假设，不能揭示误差中的系统成分，并且与DEM尺度相关，还需考察标准差（Standard Deviation，

SD）、精度比率（Accuracy Ratio，AR）等（李志林，1993）。

回放等高线也是常用的检查DEM误差的方法，我国1：5万数字高程模型生产技术规定中明确要求，通过地形图矢量化内插生成DEM必须进行等高线回放检查，等高线与原地图按公里格网叠合检查，等高线偏离不大于1/2等高距（国家测绘局，CH/T 1008—2001）。对比等高线的分布情况可以使得DEM数据能够更准确地表达地貌形态（王建，2007）。除此之外，其他有关DEM精度评价的指标也可以纳入地形精度评价指标体系中。

（2）地形描述评价

目前，对地貌形态的表达具有多种数据形式，包括等高线DEM、Grid DEM、TIN DEM等，究其原因在于，地貌要素实体是三维空间中的体对象，而对地貌信息的理解、处理、传输和表达始终与其三维形态属性有关，这要求地形数据必须能够正确地表达地貌实体对象固有的几何形态特征。经过从较大比例尺到较小比例尺的综合过程，地貌综合结果实质是地形信息减少了的地形数据，也必须满足能够正确表达主要的、本质的地表形态信息的准则。地形描述指标用于评价综合结果数据表达地形的详略程度，包括一系列刻画地形特征的属性因子，它们都直接或间接地与地面高程相关，可以采用地形统计的方法或地形分析方法获得。笔者认为可以采用高程分布范围、地表趋势面、地形剖面线、坡度分布曲线等一系列方法来作为地形描述的评价指标。

其中，高程分布范围包括高程极值（最大高程和最小高程）、高程极差（最大高程与最小高程之差的绝对值）、高程平均值，它们均能从一定程度上反映地表起伏偏离该地块高程均值的总体水平。地形趋势面和地形剖面线则能够分别从全局和局部描述地表高程的变化情况：前者是根据地表高程点拟合的一个光滑数学曲面，主要刻画出地表面总体的高程连续变化趋势，后者在沿某条直线前进时能描绘出地表的高程变化曲线。

广义DEM与地貌水系一体化综合

　　与前几种方法相比，从坡度分析的角度来进行的研究较多。坡度是一个微分概念，通过基于地表微分点单元的点位函数计算（刘学军，2004），是对地面微分面域倾斜程度的度量。Montogomer（2001）通过对Olympic山脉和Oregon山脉的坡度组合与稳定地形之间有紧密的关联。汤国安教授将用统计方法表示坡度组合的数表和图解模型称为坡谱，在深入研究黄土高原的坡谱与地貌发育类型和发育阶段的对应关系基础上，提出黄土高原坡谱的空间分异体现了地貌形态与类型组合的空间分异（汤国安、刘学军等，2005；汤国安和赵牡丹，2003；王春、汤国安等，2005）。Wolinsky和Prason（2005）通过对不同区域坡谱的统计分析和反演坡面发育过程，提出了坡面发育与坡度组合的偏度密切相关的观点。有关地形坡谱的研究可知，不同级别坡度的组合情况与稳定发育的地貌类型和地貌发育阶段具有一定对应关系，基于此，可以对综合后的地表坡度进行分级，通过比较综合前后不同等级内的坡度变化情况，评价综合结果对地表类型特征的保持关系。

　　（3）地形逻辑评价

　　地球表面是各种自然现象和人类活动的地理支撑，自然界的许多要素，如河流、交通网、土地利用、人口密度、动植物分布等，与地貌都有着协调的空间逻辑关系，具有良好质量的地理空间数据之间应该保持着这种协调，它们的综合结果也同样如此。特别是有河流经过的区域，必须保持水系与地形严密的地形逻辑，不能出现"有水没谷""河流爬坡""河流穿山头"的现象（王东华，1988），并且河流流经的地表应能正确反映河流的侵蚀作用（祝国瑞，2004）。评价综合后地貌的地形逻辑合理性，现有的比较好的方法是将综合结果地形数据回放成等高线DEM形式，并将同等比例尺的水系数据统一到相同的坐标系下，分析两者的套合情况。地貌与河流的逻辑关系的评估则转化为对矢量线的拓扑关系的考察，正确的拓扑关系表现为：河流中心线与等高线最多只有一次相交，并且从等高线弯曲的曲率最大处呈正交穿越,如图6-3所示。

图6-3 地形逻辑错误示例

(4)地形典型化评价

地形典型化评价实际上是基于心理认知(如格斯塔心理学)的角度来进行的评价,目前这方面的研究成果不多。格斯塔心理学认为,事物的性质由整体决定,而不是各个部分性质的简单相加,即整体大于局部(张惠玉，2005）。目标的整体态势强调简洁性（Praegnanz）和表象完整性，这也是地貌综合思维的体现。如同我们乘坐飞机逐渐远离地球时看到的地表微小起伏的逐步弱化过程，地貌的主要特征从原有结构中"凸显"出来，构成新的整体，这个过程也是地貌典型化的过程。评价综合结果的地形典型化，可以考虑综合后地貌的沟谷聚合度和层次结构等形态分布态势。

以上部分指标的计算方法在现有的成熟GIS软件中有相应的功能模块，或可以利用其组件进行二次开发。但是有必要指出：考虑到各种软件的实现技术不同，计算各种评价指标需要首先对地形数据的格式进行转换，应该选择合适的内插方法将综合前后的数据转换为相同的格式，采用相同的功能模块的相同方法计算同一评价指标才具有可比性。于是这就涉及本书所提出的广义DEM范畴的统一性问题。

从形式与内容角度，同一地貌区域的以相同详略程度描述地表形态的任何DEM数据，尽管它们形式不同，但是所承载的内容是等价的——都是相同对象、相同含量的地形信息。这也是在实际生产过程中可以使用多种形式DEM数据的基础。虽然受技术的制约不同形式DEM的相互转换会引起数据精度的损失，但这并不能掩盖它们之间的同质性。选择合适的内插算法进行DEM形式转换，在尽量减少数据转换的精度损失前提下，通过计算得到地形描述指标评价综合结果质量，这也符合广义DEM的基本思想。

6.2.3 基于地形总体保真性评价函数讨论

前述讨论从理论框架上提出了地貌综合结果的评价指标。但是受目前技术手段的制约，特别是地形典型化方面的评价仍然需要通过目视方法来评价，具有明显的主观性。在地貌自动综合过程中，其作业过程由计算机程序控制，根据综合中间结果的质量好坏，确定选择怎样的综合算子和调整一些综合参数，是实现其真正自动化生产的前提。因此，需要设计便于计算机运算的综合结果评价函数，量化综合质量，从而为自动选择综合算子或调整综合参数提供依据，以获得最佳综合结果。

地貌综合的本质是对地形信息的抽象与概括，技术上表现为对数据的压缩，要求综合结果的数据以较小的数据量反映地貌区域最主要的地形特征。本节从地形保真性角度，探讨基于地形损失量计算的综合结果评价函数。

（1）地形损失量的计算方法

综合意味着细节信息的丢失。根据广义DEM综合的基本思想，地貌综合通过选择表达全局的、主要形态的高程点，舍去描述局部的、次要形态的高程点实现。随着比例尺的逐渐减小，被保留的高程点越少，高程点集表示的地貌形态越概括，高程点集所含的地貌信息量越少。我们把这种由于数据量压缩引起的地形信息减少的现象称为地形损失。如图6-4所示，A、B为被保留下来的地貌特征点，在以A、B的连线所作的剖面上，由于删除了原始数据中的其他高程点，原来较大比例尺的高低起伏的地表面被"削高填低"，从而导致了局部地形的ΔV_1、ΔV_2、ΔV_3和ΔV_4变化。

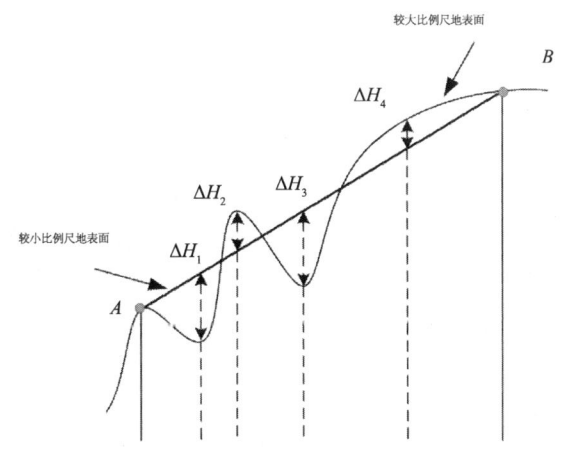

图6-4 高程点删除引起的地形变化

通常认为，在相同的综合程度下，综合结果越逼近原始地形，则具有较高的保真性（汤国安，2005）。由此，综合结果优劣的评价可以通过同等综合程度下对地形信息的损失程度的定量化比较来现实。从微观角度而言，由于某个高程点微小邻域范围内的地形变化，可以用该点处综合之后的地表高程与原始高程之差来计算。而经综合产生的地形损失与被删除的高程点直接相关，所以，可以采用被删除的点位处地形变化的统计量来表示整体地形损失量。设某点i的原始高程为H_i，对应点位上的拟合高程为$H_i^{'}$，那么该微分点位处的地形损失量ΔV_i可以通过H_i与$H_i^{'}$之差表示，即

$$\Delta V_i = H_i - H_i^{'} \tag{6-2}$$

总体地形损失量可以用如下公式计算，即

$$\Delta V_{总} = \sum_{i=1}^{n} \Delta V_i^2 \tag{6-3}$$

采用不同的综合算法进行地貌综合，对于同等综合程度的地貌综合结果，$\Delta V_{总}$越小，就越逼近原始地貌，综合质量也就越好。因此，采用总体地形损失量的计算函数来量化综合结果质量，也可以为自动选择综合算子或调整综合参数提供依据，是评价地貌综合结果质量的有效实现途径。

（2）实验分析与讨论

综合结果的评价可以是纵向评价，即比较综合前后的数据情况，获取数据的差异，分析数据差异反映出来的质量变化，讨论这种变化是否可以接受；也可以是横向评价，比较不同算法的执行效率、可控制性和对综合约束条件的满足程度等。为了论证评价函数的可行性，选择本书研究的3DDP法与地形描述误差法（蔡先华，2003）进行横向比较。首先，分别采用这两种方法进行特征点的提取，使得保留的高程点数相同（或近似相同）；然后，再内插回原始地貌数据的DEM形式，根据公式（6-2）和公

式（6-3），比较综合之后的总体地形损失量。

表6-1为分别采用3DDP的立方法与地形描述误差法对第五章地貌实验数据的综合结果高程属性情况。从中可以看出，由于3DDP算法是从全局到局部对地貌特征点进行选取，保留了地貌整体区域的高程最大值与最小值，而地形描述误差法是基于局部TIN网的特征点选取方法，最大值不能始终保留。平均高程方面，3DDP算法也优于地形描述误差法，更接近于原始地貌的平均地形趋势。对比两种方法综合结果的总体地形损失量的变化情况，与高程属性的变化情况基本一致，反映出对于该实验数据，3DDP算法的综合结果更逼近于原始数据。

表 6-1　3DDP算法与地形描述误差法综合结果高程属性对比

	点子保留率/%	高程极值/m 最大值	高程极值/m 最小值	平均高程/m	地形损失量/m	运算时间/s
原始数据	100	1 743.11	1 415.66	1 548.03	—	—
3DDP算法（立方法）综合结果	25	1 743.11	1 415.66	1 548.09	145 782.11	43.49
	12.5	1 743.11	1 415.66	1 548.32	441 470.96	40.73
	6.25	1 743.11	1 415.66	1 548.03	1 240 052.73	39.19
地形描述误差法综合结果	25	1 742.64	1 415.66	1 547.86	144 246.25	571.03
	12.5	1 740.73	1 415.66	1 547.52	443 756.04	197.84
	6.25	1 741.07	1 415.66	1 546.51	1 278 666.97	310.95

结合综合结果回放的等高线与原始数据回放的等高线叠加图（如图6-5所示），可直观看出综合后地形变化情况。局部地形特征有等高线形"拉平"的效果，随着综合程度的增大，曲线的"紧缩"更明显，地形细节损失越大，保真性越低。地形损失量的计算结果对此起到了有效的指示作用。而对于地貌综合结果的评价，若通过逐根或分组比较等高线的变化，还需要考虑图形显示和美学塑形等更复杂的问题。从计算机可执行的角度出发，在相同高程点数的情况下，采用总体地形损失量的计算函数，

广义DEM与地貌水系一体化综合

可以为综合结果优劣的评价提供便于计算机后台运算的途径，具有一定的科学性、准确性和实用性。

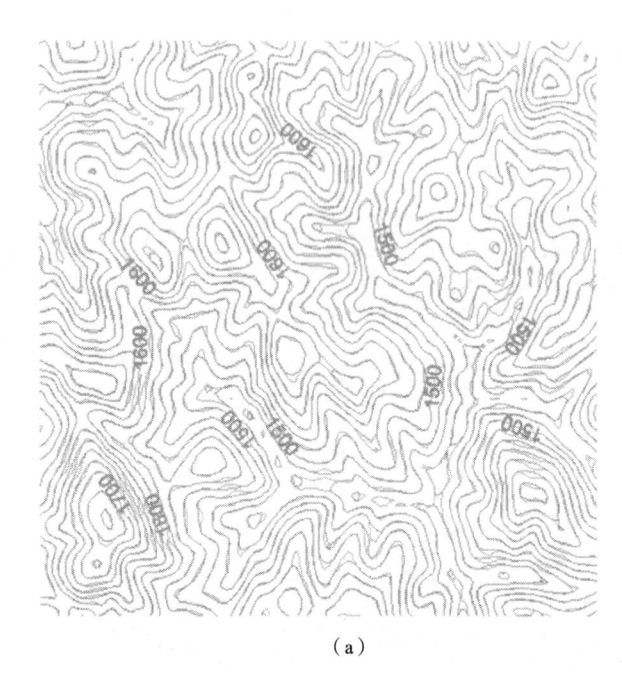

（a）

图6-5　3DDP算法与地形描述误差法综合结果
　　　回放等高线与原始数据的叠加

(b)

(c)

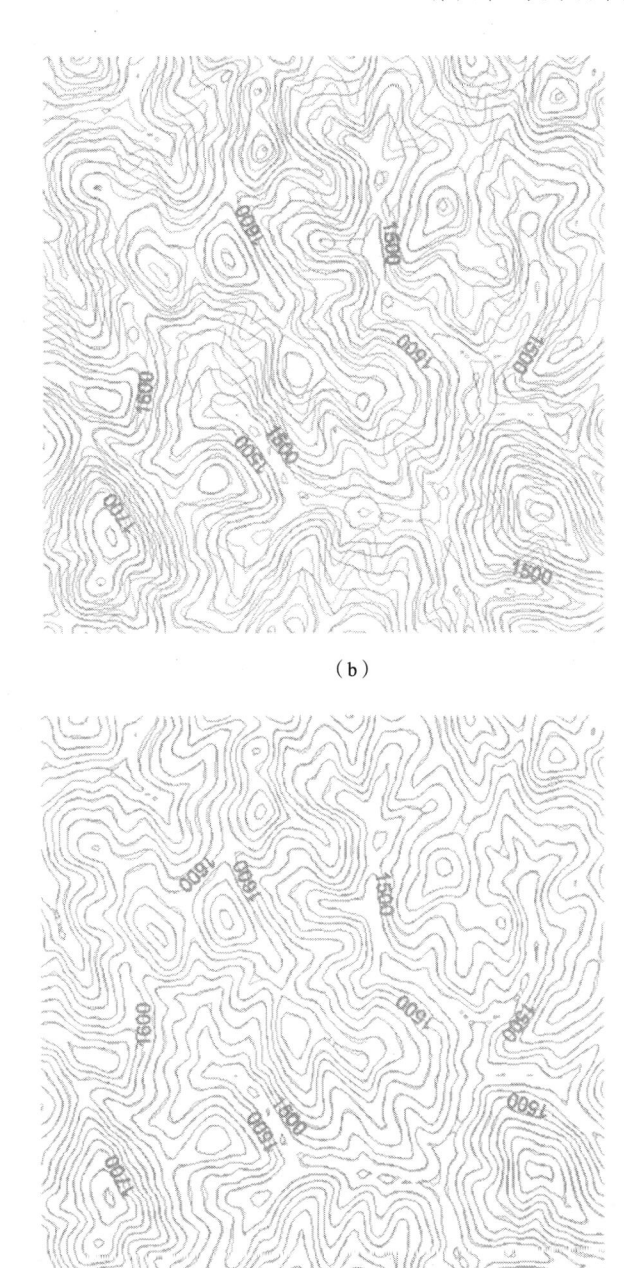

图6-5　3DDP算法与地形描述误差法综合结果
　　　　回放等高线与原始数据的叠加（续）

（d）

图6-5　3DDP算法与地形描述误差法综合结果
回放等高线与原始数据的叠加（续）

［浅灰细线为原始数据回放的等高线，深灰粗线为综合结果回放的等高线。(a) 采用3DDP立方法保留25%点子的综合结果；(b) 采用3DDP立方法保留6.25%点子的综合结果；(c) 采用地形描述误差法保留25%点子的综合结果；(d) 用地形描述误差法保留6.25%点子的综合结果］

6.3　小结

综合程度的自控程度和综合结果优劣的评判是自动制图综合研究成果真正应用于生产中的两个重要因素。本章就这个问题进行了初步讨论。

对于地貌综合而言，要实现综合程度的自动控制，需要解决两个问题：一个是如何使计算机能够在综合过程中根据中间结果的情况自动地调整综合阈值；另一个是目标获知综合程度下地貌应有的信息量是多少。对于第一个问题，作者提出的方法是用智能阻尼振荡法来自动调整综合阈值，通过两重迭代对综合过程中间结果的数量和质量进行控制。第二个问题的解决需要设计合适的地貌信息量化方法。地表粗糙度是地貌信息的重要内容，在目前没有明晰地貌信息应该如何度量的情况下，用地表粗糙度作为综合程度的指标比较可行、实用。

关于地貌综合结果质量的评价，本章介绍了目前地貌综合结果评价方法，基于地貌综合的约束条件提出了评价的模型框架，并提出观点：设计便于计算机运算的综合结果评价函数，保证总体保真性有利于计算机自动量化综合结果质量，为地貌综合自动选择综合算子和调整综合参数提供依据，是评价地貌综合结果质量的有效实现途径。

主要参考文献

[1] 《我国测绘资料现状若干问题调查及其相关政策研究》课题组. 国外测绘产品及其管理分发模式[DB/OL]. http://fazhan.sbsm.gov.cn/article/wxzy/200805/20080500035065.shtml, [2000-10-1]

[2] C.莱伊尔. 地质学原理[M]. 北京: 北京大学出版社, 2008.

[3] 艾廷华. 城市地图数据库综合的支撑数据模型与方法的研究[D]. 武汉: 武汉测绘科技大学, 2000.

[4] 艾廷华. 基于空间映射观念的地图综合概念模式[J]. 测绘学报, 2003, 32(1): 87—92.

[5] 艾廷华. 空间数据可视化中自适应分辨率选择[A]. 2005.

[6] 艾廷华. Delaunay 三角网支持下的空间场表达[J]. 测绘学报, 2006, 35(1): 71—82.

[7] 艾廷华. 基于格式塔识别原则挖掘空间分布模式[J]. 测绘学报, 2007, 36(3): 302—308.

[8] 艾廷华, 成建国. 对空间数据多尺度表达有关问题的思考[J]. 武汉大学学报·信息科学版, 2005, 30(5): 377—382.

[9] 艾廷华, 刘耀林, 黄亚锋. 河网汇水区域的层次化剖分与地图综合[J]. 测绘学报, 2007, 36(2): 231—236, 243.

[10] 艾自兴, 毋河海, 艾廷华, 等. 河网自动综合中Delaunay三角的应用[J]. 地球信息科学, 2003, (2): 39—41.

[11] 彼得·阿特金斯. 伽利略的手指[M]. 长沙: 湖南科学技术出版社, 2007.

[12] 蔡先华, 郑天栋. 数字高程模型数据压缩及算法研究[J]. 测绘通报, 2003, (12): 16—18.

[13] 陈军, 刘万增, 李志林, 等. 线目标间拓扑关系的细化计算方法[J]. 测绘学报, 2006, 35(3): 255—260.

[14] 陈楠, 林宗坚, 李成名. 基于信息论的不同比例尺DEM地形信息比较分析[J]. 遥感信息, 2004, 75(3): 5—9.

[15] 陈楠, 汤国安, 刘咏梅. 基于不同比例尺的DEM地形信息比较[J]. 西北大学学报, 2003, 33(2): 237—240.

[16] 邓红艳. 基于保质设计的自动制图综合研究[D]. 郑州: 中国人民解放军信息工程大学, 2006.

[17] 邓红艳, 武芳, 翟仁健, 等. 基于数据库的保质设计制图综合知识库研究[J]. 测绘学报, 2008, 37(1): 121—127, 134.

[18] 邓红艳, 武芳, 翟仁健, 等. 基于多维约束空间的自动制图综合质量评估模型[J]. 中国矿业大学学报, 2006, 35(5): 667—672.

[19] 范青松. DEM综合生成技术研究[D]. 武汉: 武汉大学, 2007.

[20] 费立凡. 利用栅格扫描数据进行等高线的自动成组综合(化简)[J]. 武汉测绘学院学报, 1983, (1): 87—101.

[21] 费立凡. 地形图等高线成组综合的试验[J]. 武汉测绘科技大学学报, 1993, 18(增刊): 6—22.

[22] 费立凡, 何津, 马晨燕, 等. 3维Douglas2Peucker算法及其在DEM自动综合中的应用研究[J]. 测绘学报, 2006, 35(3): 278—284.

[23] 工兵pro. 等高线地图闲谈[DB/OL]. http://www.godeyes.cn/html/2009/06/20/google_earth_7889.html.

[24] 龚缨晏. 不确定的新大陆: 瓦尔德西姆勒的放弃[J]. 地图, 2009, (3): 136—139.

[25] 郭庆胜. 地图自动综合知识的分类及其形式化描述[J]. 解放军测绘学院学报, 1998a, 15(3): 199—203.

[26] 郭庆胜. 地图自动综合问题的分解和基本算子集合[J]. 武汉测绘科技大学学报, 1998b, 24(2): 149—153.

[27] 郭庆胜. 地图自动综合的广义性和评价标准的研究[J]. 测绘信息与工程,

2000, (1): 19—21, 30.

[28] 郭庆胜, 黄远林, 郑春燕, 等. 空间推理与渐进式地图综合[M]. 武汉: 武汉大学出版社, 2007.

[29] 郭庆胜, 毋河海, 李沛川. 等高线的空间关系规则和渐进式图形简化方法[J]. 武汉测绘科技大学学报, 2000, 25(1): 31—34, 93.

[30] 国家测绘局. 基础地理信息数字产品1:10 000 1:50 000生产技术规程第2部分: 数字高程模型（DEM）[Z]. 北京: 测绘出版社, 2001.

[31] 国家测绘局国土司. 国家基础地理信息系统数据库[DB/OL]. http://www.sbsm.gov.cn/article/zszygx/chzs/jcch/jcdlxxxt/200812/20081200044790.shtml.

[32] 国家技术监督局. 1:25000 1:50000地形图编绘规范[Z]. 北京: 中国标准出版社, 1990.

[33] 汉森. 改变世界的十大地理思想[M]. 北京: 商务印书馆, 2009.

[34] 何津, 费立凡. 再论三维Douglas-Peucker算法及其在DEM综合中的应用[J]. 武汉大学学报·信息科学版, 2008, 33(2): 160—163.

[35] 何宗宜, 阮依香, 尹为利, 等. 基于分形理论的水系要素制图综合研究[J]. 武汉大学学报·信息科学版, 2002, 27(4): 427—431.

[36] 胡鹏. 新数字高程模型理论、方法、标准和应用[M]. 北京: 测绘出版社, 2007.

[37] 胡鹏, 游涟, 杨传勇, 等. 地图代数（第二版）[M]. 武汉: 武汉大学出版社, 2006.

[38] 胡鹏, 等. 新数字高程模型[M]. 武汉: 武汉大学出版社, 2007.

[39] 黄丽娜, 费立凡. 采用3维Douglas-Peucker算法的等高线综合[J]. 测绘科学技术学报, 2009, 26(6): 444—448.

[40] 黄丽娜, 费立凡. 采用3D D-P算法的等高线三维综合实验研究[J]. 武汉大学学报(信息科学版), 2010, 35(1): 55-58.

[41] 黄培之. 具有预测功能的曲线矢量数据压缩方法[J]. 测绘学报, 1995, 24(4): 316—320.

[42] 黄培之. 提取山脊线和山谷线的一种新方法[J]. 武汉大学学报·信息科学版,

2001, 26(3): 247—252.

[43] 黄培之, 淳静. 利用数字高程模型数据确定地形构造线方法的研究[J]. 西南交通大学学报, 1992, (3): 26—32.

[44] 焦健, 魏立力, 曾琪明. 基于QTM的线状图形自动化简算法探讨[J]. 测绘科学, 2005, 30(5): 89—91.

[45] 杰弗里·马丁. 所有可能的世界（第四版）[M]. 上海: 上海人民出版社, 2008.

[46] 李基拓, 陆国栋. 基于边折叠和质点弹簧模型的网格简化优化算法[J]. 计算机辅助设计与图形学学报, 2006, 18(3): 426—432.

[47] 李捷. 三维格网模型的简化及多分辨率表示[D]. 北京: 清华大学, 1998.

[48] 李精忠, 艾廷华, 王洪. 一种基于谷地填充的DEM综合方法[J]. 测绘学报, 2009, 38(3): 272—275.

[49] 李霖, 吴凡. 空间数据多尺度表达模型及其可视化[M]. 北京: 科学出版社, 2005.

[50] 李雯静, 毋河海. 地图目标在制图综合中的分形衰减机理研究[J]. 武汉大学学报(信息科学版), 2005, 30(4): 309—312.

[51] 李志林, 朱庆. 数字高程模型（第二版）[M]. 武汉: 武汉大学出版社, 2003.

[52] 刘闯, 葛成辉. 美国对地观测系统(EOS)中分辨率成像光谱仪(MODIS)遥感数据特点与应用[J]. 遥感信息, 2003, (3): 45—48.

[53] 刘春, 从爱岩. 基于"知识规划"的GIS水系要素制图综合推理[J]. 测绘通报, 1998, (9): 21—24.

[54] 刘春, 史文中, 刘大杰. GIS属性数据精度的缺陷率度量统计模型[J]. 测绘学报, 2003, 32(1): 36—41.

[55] 刘春, 王家林, 刘大杰. 多尺度小波分析用于DEM网格数据综合[J]. 中国图象图形学报, 2004, 9(3): 340—344.

[56] 刘凯, 毋河海, 艾廷华, 等. 地理信息尺度的三重概念及其变换[J]. 武汉大学学报·信息科学版, 2008, 33(11): 1178—1181.

[57] 刘敏. 基于三维道格拉斯改进算法的地貌自动综合研究——以在黄土高原的实验为例[D]. 西安: 西北大学, 2007.

[58] 刘文锴, 乔朝飞, 陈云浩, 等. 等高线图信息定量度量研究[J]. 武汉大学学报·信息科学版, 2008, 33(2): 157—159, 176.

[59] 刘晓红, 李树军, 黄文骞. 制图综合中偏角限制道格拉斯算法研究[J]. 测绘与空间地理信息, 2006, 29(1): 59, 60.

[60] 刘学军. 基于规则格网数字高程模型解译算法误差分析与评价[D]. 武汉: 武汉大学, 2002.

[61] 刘学军, 龚健雅, 周启鸣, 等. 基于DEM坡度坡向算法精度的分析研究[J]. 测绘学报, 2004, 33(3): 258—263.

[62] 刘颖. 空间图形的表达、识别与综合[D]. 郑州: 解放军信息工程大学, 2005.

[63] 卢华兴. DEM误差模型研究[D]. 南京: 南京师范大学, 2008.

[64] 鲁晨光. 广义信息论[M]. 合肥: 中国科技大学出版社, 1983.

[65] 闾国年, 钱亚东, 陈钟明. 基于栅格数字高程模型提取特征地貌技术研究[J]. 地理学报, 1998, 53(6): 562—569.

[66] 吕秀琴. 解决空间冲突的移位与图形简化方法研究[D]. 武汉: 武汉大学, 2008.

[67] 毛建华, 李先华. 基于约束条件的地图目标移位[J]. 测绘学报, 2007, 36(1): 96-101.

[68] 欧几里得. 几何原本（13卷视图全本）[M]. 北京: 人民日报出版社, 2005.

[69] 普里戈金. 从存在到演化[M]. 北京: 北京大学出版社, 2007.

[70] 齐清文, 刘岳. GIS环境下面向地理特征的制图概括的理论和方法[J]. 地理学报, 1998, 53(4): 303—311.

[71] 邵黎霞, 何宗宜, 艾自兴, 等. 基于BP神经网络的河系自动综合研究[J]. 武汉大学学报·信息科学版, 2004, 29(6): 555—558.

[72] 沈玉昌, 苏时雨. 1：100万中国地貌图[M]. 北京: 测绘出版社, 1980.

[73] 史蒂芬·霍金. 果壳中的宇宙[M]. 长沙: 湖南科技出版社, 2008.

[74] 史文中. 空间数据误差处理的理论与方法[M]. 北京: 科学出版社, 2000.

[75] 史文中. 空间数据域空间分析不确定性原理[M]. 北京: 科学出版社, 2005.

[76] 宋佳. 基于DEM的我国地貌形态类型自动划分研究[D]. 西安: 西北大学,

2006.

[77] 孙果清. 鼎盛时期的中国古代传统形象画法地图之二《福建舆图》: 国宝舆图南迁故事[J]. 地图, 2009, (3): 134—135.

[78] 汤国安, 龚健雅, 陈正江, 等. 数字高程模型地形描述精度量化模拟研究[J]. 测绘学报, 2001, 30(4): 361—365.

[79] 汤国安, 刘学军, 闾国年. 数字高程模型及地学分析的原理与方法[M]. 北京: 科学出版社, 2005.

[80] 汤国安, 赵牡丹. DEM提取黄土高原地面坡度的不确定性[J]. 地理学报, 2003, 58(6): 824—830.

[81] 万刚, 朱长青. 多进制小波及其在DEM数据有损压缩中的应用[J]. 测绘学报, 1999, 28(1): 36—40.

[82] 王春, 汤国安, 张婷, 等. 黄土模拟小流域降雨侵蚀中地面坡度的空间分异[J]. 地理科学进展, 2005, 25(6): 683—689.

[83] 王东华, 李莉. 利用DEM数据内插等高线与水系套合试验[J]. 测绘科技动态, 1988, (4): 14—19.

[84] 王红, 苏山舞, 李玉祥. 基于信息熵的基础地理信息地形数据库中信息量度量方法初探[J]. 地理信息世界, 2009, 7(6): 34—39.

[85] 王宏武, 董士海. 一个与视点相关的动态多分辨率地形模型[J]. 计算机辅助设计与图形学报, 2000, 12(8): 575—579.

[86] 王家耀. 普通地图制图综合原理[M]. 北京: 测绘科学出版社, 1993.

[87] 王家耀. 地图学与地理信息工程[M]. 北京: 科学出版社, 2005.

[88] 王家耀. 空间数据自动综合研究进展及趋势分析[J]. 测绘科学技术学报, 2008, 25(1): 1—7, 12.

[89] 王建, 杜道生. 规则格网DEM自动综合方法的评价[J]. 武汉大学学报·信息科学版, 2007, 32(12): 1111—1114.

[90] 王桥. 数字环境下制图综合若干问题的探讨[J]. 武汉测绘科技大学学报, 1995, 20(3): 208—213.

[91] 王桥. 线状地图要素的自相似性分析及其自动综合[J]. 武汉测绘科技大学学

报, 1995, 20(2): 123—128.

[92] 王桥, 毋河海. 地图信息的分形描述与自动综合研究[M]. 武汉: 武汉测绘科技大学出版社, 1998.

[93] 王桥, 吴纪桃. 复杂等高线自动综合的分形处理方法研究[J]. 测绘学院学报, 1995, 1995(2): 125—130.

[94] 王少一, 王昭, 杜清运. 顾及地图要素级别的几何信息量量测方法[J]. 测绘科学, 2007, 32(4): 60—62.

[95] 王涛. 地貌信息提取中的结构化问题研究[D]. 武汉: 武汉大学, 2005.

[96] 王涛, 毋河海. 等高线拓扑关系的构建以及应用[J]. 武汉大学学报(信息科学版), 2004, 29(5): 438—442.

[97] 王玉海, 朱长青, 游雄, 等. 基于B样条小波的等高线数据简化[J]. 测绘科学, 2003, 28(2): 23—25.

[98] 毋河海. 地貌形态自动综合的原理与方法[J]. 武汉测绘学院学报, 1981, (1): 44—51.

[99] 毋河海. 地貌形态自动综合问题[J]. 武汉测绘科技大学学报, 1995, 20(增刊): 1—6.

[100] 毋河海. 自动综合的结构化实现[J]. 武汉测绘科技大学学报, 1996, 21(3): 277—285.

[101] 毋河海. 地图信息自动综合基本问题研究[J]. 武汉测绘科技大学学报, 2000, 25(5): 376—384.

[102] 毋河海. 地图信息自动综合基础理论与方法体系研究[A]. 第三届两岸测绘发展研讨会: 测绘与可持续发展. 香港, 2000b. 611—632.

[103] 毋河海. 基于扩展分形的地图信息自动综合研究[J]. 地理科学进展, 2001, 20(S1): 14—28.

[104] 毋河海. 地图综合基础理论与技术方法研究[M]. 北京: 测绘出版社, 2004.

[105] 毋河海. 机助制图综合原理[M]. 武汉: 武汉大学出版社, 2006.

[106] 吴凡, 祝国瑞. 基于小波分析的地貌多尺度表达与自动综合[J]. 武汉大学学报·信息科学版, 2001, 26(2): 170—174.

[107] 吴纪桃, 王桥. 复杂地貌形态多比例尺表达的二维小波分析研究[J]. 遥感学报, 2003, 7(2): 93—96.

[108] 吴艳兰. 地貌三维综合的地图代数模型和方法研究[D]. 武汉: 武汉大学, 2004.

[109] 武芳, 邓红艳. 基于遗传算法的线要素自动化简模型[J]. 测绘学报, 2003, 32(4): 349—355.

[110] 武芳, 谭笑, 翟仁健, 等. 基于知识表达和推理的河网自动选取[J]. 辽宁工程技术大学学报, 2007, 26(2): 183—186.

[111] 武芳, 王家耀. 地图自动综合概念框架分析与研究[J]. 测绘工程, 2002, 11(2): 18-20, 48.

[112] 徐道柱. 基于TIN和RGD的地貌综合研究[D]. 郑州: 解放军信息工程大学, 2007.

[113] 薛定谔. 生命是什么[M]. 长沙: 湖南科技出版社, 2007.

[114] 杨得志, 王杰臣, 闾国年. 矢量数据压缩的Douglas-Peucker算法的实现与改进[J]. 测绘通报, 2002, 7: 18—22.

[115] 杨德才. 自然辩证法导论[M]. 武汉: 湖北人民出版社, 2002.

[116] 杨族桥, 郭庆胜, 牛冀平, 等. DEM多尺度表达与地形结构线提取研究[J]. 测绘学报, 2005, 34(2): 134—137.

[117] 尤克非, 明德烈, 王广君, 等. 基于局部熵和四叉树结构的地形简化算法[J]. 中国图象图形学报, 2002, 7(10): 1083—1088.

[118] 约翰·塔巴克. 几何学: 空间和形式的语言[M]. 北京: 商务印书馆, 2008a.

[119] 约翰·塔巴克. 数[M]. 北京: 商务印书馆, 2008.

[120] 张必强, 邢渊, 阮雪榆. 基于特征保持和三角形优化的网格模型简化[J]. 上海交通大学学报, 2004, 38(8): 1373—1377.

[121] 张传明, 潘懋, 吴焕萍, 等. 保持拓扑一致性的等高线化简算法研究[J]. 北京大学学报(自然科学版), 2007, 43(2): 216—222.

[122] 张根寿. 现代地貌学[M]. 北京: 科学出版社, 2005.

[123] 张惠玉. 格式塔心理学对形的探讨[J]. 理论界, 2005, (7): 137—139.

[124] 张婷. 基于DEM的流域沟谷网络尺度特征及尺度分解[D]. 南京: 南京师范大学, 2008.

[125] 赵春燕. 水系河网的Horton编码与图形综合研究[D]. 武汉: 武汉大学, 2004.

[126] 钟业勋, 魏文展. 地图符号若干特征的数字化表达研究[J]. 测绘科学, 2004, 29(4): 23—25.

[127] 钟业勋, 魏文展, 李占元. 基本地貌形态数学定义的研究[J]. 测绘科学, 2002, 27(3): 16—19.

[128] 周昆, 潘志庚, 石教英. 一种新的基于顶点聚类格网简化算法[J]. 自动化学报, 1999, 25(1): 1—8.

[129] 朱长青, 王玉海, 李清泉, 等. 基于小波分析的等高线数据压缩模型[J]. 中国图象图形学报, 2004, 9(7): 841—845.

[130] 祝国瑞. 应用数学模型推断地图上河流的选取程度[J]. 武汉测绘科技大学学报, 1989, 14(4): 47—51.

[131] 祝国瑞. 地图学[M]. 武汉: 武汉大学出版社, 2004.

[132] Ackermann F. Techniques and strategies for DEM generation[A]. Digital Photogrammetry - Addendum of the Manual of Photogrammetry[M]. 1996. 108—144.

[133] Ai T. The drainage network extraction from contour lines for contour line generalization[J]. International Society for Photogrammetry and Remote Sensing, 2007, 62: 93—103.

[134] Ai T, Li J. A DEM generalization by minor valley branch detection and grid filling[J]. ISPRS Journal of Photogrammetry and Remote Sensing, 2010, 65(2): 198—207.

[135] Amnon M, Sonia R, Arnon K. Skeletonizing a DEM into a Drainage Network[J]. Computer & Geosciences, 1995, 21(1): 187—196.

[136] Andrew K, Sktdmore. Terrain Position as Mapped from a Gridded Digital Elevation Model[J]. International Journal of Geographical Information Science, 1990, 4(1): 33—49.

[137] Atkins P. Galileo's Finger: The Ten Great Ideas of Science[M]. New York, NY, USA: Oxford University Press 2003.

[138] Aumanna G, Ebnera H, Tang L. Automatic Derivation of Skeleton Lines from Digitized Contours[J]. ISPRS Journal of Photogrammetry and Remote Sensing, 1991, 46(5): 259—268.

[139] Beard K, Mackaness W. Generalization Operations and Supporting Structures[A]. ACSM/ASPPS Annual convention. Baltimore, MD, 1991. 29—42.

[140] Bicanic Z, Solaric R. Cartographic generalization and contributions to its automation[J]. Geoadria, 2002, 7(2): 5—21.

[141] Bjorke J T. Framework for Entropy-based Map Evaluation[J]. Cartography and Geographic Information Science, 1996, 23(2): 78—95.

[142] Bjørke J T, Nilsen S. Efficient representation of digital terrain models: compression and spatial decorrelation techniques[J]. Computers & Geosciences, 2002, 28(4): 433—445.

[143] Bjørke J T, Stein N. Wavelets applied to simplification of digital terrain models[J]. International Journal of Geographical Information Science, 2003, 17(7): 601—621.

[144] Brassel K E, Weibel R. A Review and Framework of Automated Map Generalization[J]. International Journal of Geographical Information Systems, 1988, 2(3): 229—244.

[145] Buttenfield B P. Scale-dependence and self-similarity in lines[J]. Cartographica, 1989, 26(1): 79—100.

[146] Buttenfield B P, Mcmaster R B. Map generalizatin: Manking rules for knowlegdge representation[M]. Essex: Longman Scientific & Technical, 1991.

[147] Carrara A, Bitelli G, Carla R. Comparison of techniques for generating digital terrain models from contour lines[J]. International Journal of Geographical Information Science, 1997, 11(5): 451—473.

[148] Cetinkaya B, Aslan S, Sengun Y S, etal. Contour Simplification with Defined Spatial Accuracy[A]. Workshop of the ICA Commission on Map Generalisation and Multiple Representation. Vancouver, WA, 2006.

[149] Chakreyavanich U. Regular Grid DEM Data Compression by Zero-cross:the automatic break line detection[D]. Columbus: The Ohio State University, 1991.

[150] Chang Y C, Song G S, Hsu S K. Automatic Extraction of Ridge and Valley Axes Using the Profile Recognition and Polygon-breaking Algorithm[J]. Computer & Geosciences, 1998, 24(1): 83—93.

[151] Chen J, Zhao R, Li Z. Voronoi-based k-order neighbour relations for spatial analysis[J]. ISPRS Journal of Photogrammetry and Remote Sensing, 2004, 59(1): 60—72.

[152] Christensen A H J. A Genuine Approach to Line Generalization[A]. Keller C. Peter. ICA 1999: 19th International Cartographic Conference. Ottawa, Canada: University of Victoria, Victoria, British Columbia, Canada, 1999.

[153] Chrobak T. A Numerical Method for Generalizing the Linear Elements of Large-Scale Maps, Based on the Example of Rivers[J]. Cartographica, 2000, 37(1): 49—55.

[154] Clarke A L, Gruen A, Loon J C. The Application of Contour Data for Generating High Fidelity Grid Digital Elevation Models[A]. Proceedings of Auto-Carto V. Washington, DC, 1982: 213—222.

[155] Clarke K C. Scale-based Simulation of Topogrphic Relief[J]. The American Cartographer, 1988, 15(2): 173—181.

[156] Cronin T. Automated Reasoning with Contour Maps[J]. Computers and Geosciences, 1995, 21(5): 609—618.

[157] Cronln T. Classifying Hills and Valleys in Digitized Terrain[J]. Photogrammetric Engineering and Remote Sensing, 2000, 66(9): 1129—1137.

[158] Defloriani L, Puppo E. A Hierarchical triangle-based model for terrain description[A]. Frank A. U., Campari I., Formentini U. Theories and Methods

of Spatio-Temporal Reasoning in Geographic Space[M]. Springer Verlag, 1992: 236—251.

[159] Dettori G, Puppo E. Designing a Library to Support Model-Oriented Generalization[A]. ACM GIS '98: Proceedings of the 6th International Symposium on Advance in Geographic Information Systems. Washington, D.C. (USA), 1998: 34—39.

[160] Dikau R. The Application of a Digital Relief Model to Landform Analysis in Geomorphology[A]. Raper J. F. Three Dimensional Applications in Geographical Information Systems[M]. London: Taylor and Francis, 1989. 51—77.

[161] Douglas D H, Peucker T K. Algorithms for the Reduction of the Number of Points Required to Represent a Digitized Line or Its Caricature[J]. The Canadian Cartographer, 1973, 10(2): 112—122.

[162] Fimland M, Skogan D. A Multi-resolution approach for simplification of an integrated network and terrain model[A]. Forer. Proceedings of the 9th International Symposium on Spatial Data Handling. Beijing, 2000: 26—39.

[163] Firkowski H, Carvlho C A P, Sluter C R. Regular Grid DEM Generalization Based on Information Theory[A]. 21 International Cartographic Conference. Durban, South Africa, 2003.

[164] Florinsky I V. Accuracy of local topographic variables derived from digital elevation models[J]. International Journal of Geographical Information Systems, 1998, 12(1): 47—61.

[165] Gao J. Impact of sampling intervals on the reliability of topographic variables mapped from grid DEMs at a micro-scale[J]. International Journal of Geographical Information Science, 1998, 12(8): 875—890.

[166] Garland M, Heckbert P S. Surface Simplification using Quadric Error Metrics[A]. Proceedings of ACM SIGGRAPH 97. SIGGRAPH, 1997: 209-216.

[167] Gieng T S, Hamann B, Joy K L. Smooth hierarchical surface triangulations[A]. Proceedings of Visualization'97. Phoenix, AZ, USA, 1997: 379—386.

[168] Gökgöz T. Generalization of Contours Using Deviation Angles and Error Bands[J]. Cartographic Journal, 2005, 42(2): 145—156.

[169] Gökgöz T, Selcuk M. A New Approach for the Simplification of Contours[J]. Cartographica, 2004, 39(4): 37—44.

[170] Goncalves G, Julien P, Riazanoff S, etal. Preserving cartographic quality in DTM interpolation from contour lines[J]. ISPRS Journal of Photogrammetry and Remote Sensing, 2002, 56(3): 210—220.

[171] Goodchild M F. Introduction to the Varenius Project[J]. International Journal of Geographical Information Science, 1999, 13(8): 731—745.

[172] Graff L H, Usery E L. Automated Classification of Generic Terrain Features from Digital Elevation Models·[J]. Photogrammetric Engineering and Remote Sensing, 1993, 59(9): 1409—1417.

[173] Griffth D A. SpatialAutocorrelation and Spatial Filtering[M]. Germany: Springer, 2003: 3—6.

[174] Hake G, Grünreich D, Meng L. Kartographie(8Augflage)[M]. Berlin:Gruyter Lehrbuch, 2002.

[175] Hamann B. A Data Reduction Scheme for Triangulated[J]. Computer Aided Geometric, 1994, 11(2): 179—214.

[176] Harrie L E. The Constraint Method for Solving Spatial Conflicts in Cartographic Genralization[J]. Cartography and Geographic Information Science, 1999, 26(1): 55—69.

[177] Hoppe H. Progressive Meshes[J]. Computer Graphics, 1996, 30(1): 99—108.

[178] Horton R E. Erosion Development of Streams and Drainage Basins : Hydrophysical Approach to Quantitative Morphology[J]. Bulletin of the Geological Society of America, 1945, 56(3): 275—370.

[179] Huang L, Fei L. Harmonic generalization based on the Integrated Geographic Feature Retrieval, International Symposium on Spatial Analysis Spatial-Temporal Data Modeling and Data Mining, 2009.10, Vol.7492, No.74921H.

[180] Isler V, Laur W H, Green M. Real-time multi-resolution modeling for complex virtual environments[A]. Proc of VRST'96. HongKong, 1996: 11—19.

[181] Jenson S K, Domingue J O. Extracting Topographic Structure from Digital Elevation Data for Geographic Information System Analysis[J]. Photogrammetric Engineering and Remote Sensing, 1988, 54(11): 1593—1600.

[182] Jordan G. Adaptive smoothing of valleys in DEMs using TIN interpolation from ridgeline elevations: An application to morphotectonic aspect analysis[J]. Computers & Geosciences, 2007, 33(4): 573—585.

[183] Kalvin A, Taylor R. Surfaces: Polygonal mesh simplification with bounded error[J]. IEEE Computer graphics and application, 1996, 16(3): 64—71.

[184] Kienzle S. The Effect of DEM Raster Resolution on first Order, Second Order and Compound Terrain Derivatives[J]. Transaction in GIS, 2004, 8(1): 83—111.

[185] Klinkenberg B. Fractals and morphometric measures: is there a relationship? [J]. Geomorphology, 1992, 5(1, 2): 5—20.

[186] Klinkenberg B, Goodchild M F. The fractal properties of topography: A comparison of methods[J]. Earth Surface Processes and Landforms, 1992, 17(3): 217—234.

[187] Kubik K, Botman A. Interpolation Accuracy for Topographic and Geological Surfaces[J]. ITC Journal, 1976, (2): 236—274.

[188] Lawford G J. Fourier Series and the cartographic line[J]. International Journal of Geographical Information Science, 2006, 20(1): 31—52.

[189] Li Z, Openshaw S. Algorithms for automated line generalization based on a natural principle of objective generalization[J]. International Journal of Geographical Information Systems, 1992, 6(5): 373—389.

[190] Li Z, Sui H. An Integrated Technique for Automated Generalization of Contour Maps[J]. The Cartographic Journal, 2000, 37(1): 29—37.

[191] Li Z L, Huang P Z. Quantitative Measures for Spatial Information of Map[J]. International Journal of Geographical Information Science, 2002, 16(7): 699

—709.

[192] Li Z L, Su B. From Phenomena to Essence: Envisioning the Nature of Digital Map Generalization[J]. The Cartographic Journal, 1995, 32(1): 45—47.

[193] Longley P A, Batty M. Fractal Measurement and Line Generalization[J]. Computers and Geosciences, 1989, 15(2): 167—183.

[194] Martin G. Modelling Constraints for Polygon Genralization[A]. Proceeding 5th ICA Workshop on Process in Automated Map Generalization. Paris, 2003. 1—22.

[195] Martz L W, Garbrecht J. Numerical Definition of Drainage Network and Sub-catchment Areas from Digital Elevation Models[J]. Computer & Geosciences, 1992, 18(6): 747—776.

[196] Mcmaster R B, Shea K S. Generalization in Digital Cartography[R]. Washington, D. C.: Association of American Geographers, 1992.

[197] Miller H J. Tobler's First Law and spatial analysis[J]. Annals of the Association of American Geographers, 2004, 94(2): 284—289.

[198] Montgomery D R. Slope distributions threshold hillslopes and steady-state topography[J]. American Journal of science, 2001, 301(4-5): 432—454.

[199] Morehouse S. GIS-based Map Compilation and Generalisation[M]. London: Taylor & Francis, 1995. 21—30.

[200] Moreno-Ibarra M. Semantic Similarity Applied to Generalization of Geospatial Data[A]. Fonseca F, Rodríguez MA, Levashkin S. GeoS 2007, LNCS 4853[M]. Berlin Heidelberg: Springer-Verlag, 2007: 247—255.

[201] Muller J C. The Removal of Spatial Conflicts in Line Generalization[J]. Cartography and Geographic Information Science, 1990, 17(2): 141—149.

[202] Muller J C, Wang Z. Area-patch Generalization: a Competitive Approach[J]. The Cartographic Journal, 1992, 29(2): 137—144.

[203] Oosterom P V. A Reactive Data Structures for Geographic Information Systems[A]. Auto-Carto IX: Proceedings of the International Symposium on Computer-Assisted Cartography Baltimore, Maryland, 1989: 665—674.

[204] Oosterom P V. Reactive Data Structures for Geographic Information Systems[D]. Leiden University, 1990.

[205] Ozdemir H, Bird D. Evaluation of morphometric parameters of drainage networks derived from topographic maps and DEM in point of floods[J]. Environmental Geology, 2009, 56(7): 1405—1415.

[206] Paiva J, Egenhofer M J. Robust Inference of the Flow Direction in River Networks[J]. Algorithmica, In Press.

[207] Pei T, Zhu A X, Zhou C, etal. A new approach to the nearest-neighbour method to discover cluster features in overlaid spatial point processes[J]. International Journal of Geographical Information Science, 2006, 20(2): 153—168.

[208] Peng W. Automated generalization in GIS[D]. Enschede: ITC, 1997.

[209] Peng W, Pilouk M, Tempfli K. Generalizing Relief Representation Using Digitized Contous[A]. International Archives of Photogrammetry and Remote Sensing. Vienna, 1996.

[210] Peter V D P, Christonpher B J. Customisable Line Generalization using Delaunay Triangulation[A]. Proceedings of the 19th International cartographic conference of the ICA. Ottawa, Canada, 1999. CD ROOM.

[211] Plazanet C, Affholder J G, Frith E. The importance of geometric modeling in linear features generalization[J]. Cartography and Geographic Information Systems, 1995, 22(4): 291—305.

[212] Puecker T K, Douglas D H. Detection of Surface Specific points by local parallel Processing of discrete terrain elevation data[A]. Computer Graphics and Image Processing. 1975. 375—387.

[213] Puppo E, Dettori G. Towards a formal model for multiresolution spatial maps[A]. Egenhofer M J, Herring J R. Advances in Spatial Databases, SSD'95[M]. Springer Verlag, 1995. 152—169.

[214] Raghavan V, Masumoto S, Koike K. Automatic Lineament Extraction from Digital Images Using a Segment Tracing and Rotation Transformation Approach[J].

Computer & Geosciences, 1995, 21(4): 555—591.

[215] Reuter H I, Wendroth O, Kersebaum K C. Optimisation of Relief Classification for Different Levels of Generalization[J]. Geomorphology, 2006, (77): 79—89.

[216] Richardson D E. Automatic Spatial and Thematic Generalization Using a Context Transformation Model[D]. Wageningen: Wageningen Agricultural University, 1993.

[217] Ros D D, Borga M. Use of Digital Elevation Model Data for the Derivation of the Geomorphological Instantaneous Unit Hydrograph[J]. Hydrological Process, 1997, (11): 13—33.

[218] Rossignac J, Borrel P. Multi-resolution 3D approximation for rendering complex scenes[A]. Falconine B., Kunii T. Geometric Modelingin Computer Graphics[M]. New York: Springer Verlag, 1993. 455—465.

[219] Rosso R, Bacchi B, La B P J. Fractal Relation of Mainstream Length to Catchment Area in River Networks[J]. Water Resource Research, 1991, (27): 381—387.

[220] Ruas A. A Method for Building Displacement in Automated Map Generalization[J]. International Journal of Geographical Information Science, 1998, 12(7): 789—803.

[221] Sayles R S, Thomas T R. Surface Topography as a Nonstationary Random Process[J]. Nature, 1978, (271): 431—434.

[222] Schmidt J, Evans I S, Brinkmann J. Comparison of Polynomial Models for Land Surface Curvature Calculation[J]. International Journal of Geographical Information Science, 2003, 17(8): 797—814.

[223] Schoeder W J, Zarge J A, Lornensen W E. Decimation of triangle meshes[J]. Computer Graphics, 1992, 26(2): 65—70.

[224] Shi W Z, Tian Y. A hybrid interpolation method for the refinement of a regular grid digital elevation model[J]. International Journal of Geographical Information Science, 2006, 20(1): 53—67.

[225] Skidomore A K. A comparison of techniques for calculation of gradient and aspect from a grided digital elevation model[J]. International Journal of Geographical Information Systems, 1989, 3(3): 323—334.

[226] Stoter J E, Penninga P, Van Oosterom P J M. Generalization of integrated terrain elevation and 2D object models[A]. Fisher P. Developments in Spatial Data Handling, Proceedings of the 11th International Symposium on Spatial Data Handling[M]. Leicester: Springer, 2004. 527—546.

[227] Thomson R C, Brooks R. Efficient Generalization and Abstraction of Network Data Using Perceptual Grouping[A]. Proceedings of the 5th International Conference on Geo-computation. 2000.

[228] Tobler W. On the first law of geography: A reply[J]. Annals of AAG, 2004, 94(2): 304—310.

[229] Turcotte D L. Self-organized complexity in geomorphology: Observations and models[J]. Geomorphology, 2007, (91): 302—310.

[230] Visvalingam M, Dowson K. Algorithms for sketching surfaces[J]. Computers & Graphics, 1998, 22(2, 3): 269—280.

[231] Wang Z, Muller J C. Line Generalization Based on Analysis of Shape[J]. Cartography and Geographic Information Systems, 1998, (25): 3—15.

[232] Ware J M, Jones C B. Conflict Reduction in Map Generalization Using Iterative Improvement[J]. GeoInformatica, 1998, 2(4): 383—407.

[233] Weber W. Automationsgest uzte Generalisierung[J]. Nachrichten aus dem Carten-und Vermessungswesen, 1982, 88(1): 77—109.

[234] Weibel R. An Adaptive Methodology for Automated Relief Generalization[J]. AutoCarto, 1987, 8: 42—49.

[235] Weibel R. Model and experıments for adaptive computer-assisted terrain generalization[J]. Cartography and Geographic Information Systems, 1992, 19(3): 133—153.

[236] Weibel R. Three Essential Building Blocks for Automated Generalization[A].

Muller J C, Lagrange J P, Weibel R . GIS and Generalization: Methodology and Practice[M]. London: Taylor & Francis, 1995. 56—69.

[237] Weibel R. Generalization of Spatial Data – Principles and Selected Algorithms[A]. Van Kreveld M, Nievergelt J, Roos Th, etal. Algorithmic Foundations of GIS. Lecture Notes in Computer Science[M]. Berlin: Springer-Verlag, 1997.

[238] Weibel R, Dutton G H. Constraint-based Automated Map Generalization[A]. Proceeding 8th International Symposium on Spatial Data Handling. Canada, Vancouver, BC, 1998. 214—224.

[239] Weibel R, Heller M. Digital Terrain Modeling[A]. Maguire D J, Goodchild M F, Rhind D W. Geographical Information System: Principles and Applications[M]. London: Longman, 1991: 269—297.

[240] Wilson I D, Ware J M, Ware J A. A Genetic Algorithm approach to cartographic map generalisation[J]. Computers in Industry, 2003, 52(3): 291—304.

[241] Wolinsky M A, Prason L F. Constrain on landscape evolution from slope histoprams[J]. Geology, 2005, 33(6): 477—480.

[242] Yang B, Shi W, Li Q. An integrated TIN and Grid method for constructing multi-resolution digital terrain models[J]. International Journal of Geographical Information Science, 2005, 19 (10): 1019—1038.

[243] Yoeli P. Computer-assisted determination of the valley and ridge lines of digital terrain models[J]. International Yearbook of Cartography, 1984, (24): 197—206.

[244] Zakšek K, Podobnikar T. An effective DEM generalization with basic GIS operations[A]. 8th ICA WORKSHOP on Generalisation and Multiple Representation. Coruń, 2005.

附录

河流长度变化表

河流ID	综合前长度/m	综合后长度/m	长度变化/m	长度变化率
1	989.375 553 000 00	987.221 743 108 00	2.153 809 892 00	0.002 176 938 66
2	581.256 703 440 00	578.913 239 992 00	2.343 463 448 00	0.004 031 718 57
3	173.041 404 492 00	171.607 771 348 00	1.433 633 144 00	0.008 284 913 94
4	346.211 069 085 00	344.297 542 798 00	1.913 526 287 00	0.005 527 051 15
5	395.126 020 687 00	393.557 932 120 00	1.568 088 567 00	0.003 968 578 34
6	3 261.351 306 000 00	3 246.762 869 340 00	14.588 436 660 00	0.004 473 126 41
7	1 351.590 952 000 00	1 346.840 204 910 00	4.750 747 090 00	0.003 514 929 63
8	1 114.360 550 000 00	1 108.401 749 940 00	5.958 800 060 00	0.005 347 281 95
9	347.297 350 182 00	346.205 086 633 00	1.092 263 549 00	0.003 145 038 53
10	495.827 112 000 00	483.270 738 855 00	12.556 373 145 00	0.025 324 095 52
11	222.826 203 070 00	214.796 217 632 00	8.029 985 438 00	0.036 036 989 04
12	241.621 518 303 00	240.732 564 315 00	0.888 953 988 00	0.003 679 117 63
13	451.749 654 130 00	445.122 461 545 00	6.627 192 585 00	0.014 670 055 69
14	393.509 833 747 00	392.808 112 058 00	0.701 721 689 00	0.001 783 238 00
15	220.038 411 827 00	216.499 063 924 00	3.539 347 903 00	0.016 085 136 56
16	792.943 396 951 00	782.938 045 917 00	10.005 351 034 00	0.012 617 988 97
17	198.787 938 690 00	196.079 292 242 00	2.708 646 448 00	0.013 625 808 82
18	394.265 360 431 00	385.693 400 016 00	8.571 960 415 00	0.021 741 601 66

续表

河流ID	综合前长度/m	综合后长度/m	长度变化/m	长度变化率
19	153.896 607 623 00	150.749 010 157 00	3.147 597 466 00	0.020 452 676 08
20	503.736 698 104 00	501.646 895 497 00	2.089 802 607 00	0.004 148 601 07
21	1 375.009 504 000 00	1 364.024 412 320 00	10.985 091 680 00	0.007 989 102 36
22	189.718 245 440 00	188.458 867 681 00	1.259 377 759 00	0.006 638 147 83
23	268.160 107 805 00	266.557 925 919 00	1.602 181 886 00	0.005 974 721 22
24	534.542 539 039 00	532.190 902 968 00	2.351 636 071 00	0.004 399 343 18
25	462.395 391 000 00	461.025 341 544 00	1.370 049 456 00	0.002 962 939 26
26	310.316 614 602 00	305.886 982 044 00	4.429 632 558 00	0.014 274 558 14
27	418.612 068 384 00	415.259 067 233 00	3.353 001 151 00	0.008 009 805 27
28	596.286 980 000 00	590.126 517 333 00	6.160 462 667 00	0.010 331 372 10
29	247.142 975 958 00	245.625 892 834 00	1.517 083 124 00	0.006 138 483 68
30	321.291 673 000 00	318.277 504 032 00	3.014 168 968 00	0.009 381 410 17
31	223.819 898 620 00	217.949 757 593 00	5.870 141 027 00	0.026 227 073 93
32	194.550 359 068 00	193.344 392 272 00	1.205 966 796 00	0.006 198 738 47
33	731.567 303 000 00	727.433 572 542 00	4.133 730 458 00	0.005 650 512 87
34	145.094 152 800 00	144.726 882 644 00	0.367 270 156 00	0.002 531 254 01
35	765.566 293 000 00	759.568 218 508 00	5.998 074 492 00	0.007 834 820 51
河流总长/m	19 412.887 749 439 8	19 264.404 994 618 5	148.482 754 821 30	0.007 648 669

后　　记

　　数字环境下的地图综合分为基于模型的综合与基于图形的综合，最终它们都以对地理信息进行综合为前提。对于地貌要素这一复杂的空间三维对象，地貌信息的表达方式多种多样，地貌综合具有高度的挑战性。作者认为各种DEM只是地表高程信息的多态表达形式，以相同详细程度描述相同地貌区域的具体DEM在信息上是等价的，试图通过将地貌形态的建模方式——DEM扩展至广义DEM，对它们进行概念上的统一。由此，把水流路径也看作是地貌形态表达形式的子集，将水系的地形信息纳入广义DEM范畴之中，通过从三维角度提取地貌上的特征点，实现地貌形态和水系形态的合理化简。本书研究的具体内容包括如下几方面。

　　（1）明确了数字环境下地图综合问题的时代内涵和重要意义，分析了地貌综合的挑战和新特点，总结了国内外地貌综合研究进展，并着重探讨了地貌综合的理论研究成果和现有算法。

　　（2）通过对地貌形态的三维连续性、复杂多样性、空间邻近性和地貌单元的不确定性的阐述，讨论了对地貌信息的理解及地貌形态的DEM建模方式。DEM是关于地貌信息的模型，也是诠释地貌特征的必要途径。在介绍了现有DEM的结构形态和常见范式基础之上，作者提出如下观点：同一地区不同形式的DEM本质上是地表三维形态的多态表达，理想状态下它们应是一组"同质异构"体。由此提出了广义DEM的基本内涵：虽然DEM具有多种表达形式，但是描述同一地貌信息的不同形式的DEM之间应该是等价的；不规则分布的离散点是所有DEM形式之中的一般形式，任何其他形式的DEM都可看作是它的外延表述方式；因此，一且这种最一般形式的DEM被正确综合,那么同一地貌区域的任何其他形式DEM都可以被综合到相同程度下。

（3）从广义DEM的角度,提出地貌综合应将地貌对象看作是地表高程点的信息集合体。因此,作者在对各种地貌三维综合的约束条件及现有的DEM综合概念框架进行充分讨论的基础上,提出了基于广义DEM的地貌综合模型。该模型包括四个内容：地形特征点集的三维选取；综合过程中地形要素的地形约束；综合程度的自动控制；综合结果的质量评价。本模型特别提出应将分布于地表的水系要素看作是地貌综合过程中的地形约束,水流路径的地形起伏是对地貌三维综合信息补充,并对地貌形态的化简起控制作用。

（4）建立了基于3DDP的地貌综合算法体系。本书重点阐述了3DDP算法提取地貌特征点的实现机制。在此基础上,从高程点的空间邻近特性出发,深入研究3DDP算法对各种具体DEM的优化方法,提出了基于Grid DEM的扫描排序法、基于等高线DEM的线式排序法以及全局孤独指数加权计算伪点面距。然后针对单一原点选取地形特征点时出现的"灯下黑"现象,提出了基于视觉辨析的特征点选取模型——趋势面模型和多视角模型。并以实际丘陵地貌和高山地貌样区为例进行实验,分析了3DDP改进算法对不同类型地貌的地形特征点提取的适用性。

（5）深入探讨了地貌与水系要素在现实世界中和谐的空间关系,将从大比例尺到小比例尺的制图综合中地貌与河系的组合变化归纳为三种状态："有水有谷""无水有谷"和"无水无谷"。分析了现阶段在自动制图综合中由于分要素综合而产生的两者之间不协调套合现象的根源所在,从地表流水的物理特性与地表三维特征的密切联系出发,将水流路径上的高程点也纳入广义DEM的范畴中来,提出了"地貌水系一体化"的制图综合思想。基于地貌三维综合模型,以树状河系为例,探讨了采用3DDP算法实现地貌与水系一体制图综合的具体流程与实现技术。实验表明,从三维角度对地貌与水系的特征点进行一体化提取，地貌与水系的空间形态既能被合理的化简，两种要素综合结果的图形表达仍然能够保持其相互之间的和谐关系，可获得良好的制图效果。

（6）就综合程度的自动控制和综合结果的评价两个问题进行了初步探讨。其中，针对第一个问题提出了自动控制综合程度的智能阻尼振荡法，即通过对数据量的压缩和地貌信息量的压缩两重迭代自动调整综合阈值，从而达到预期综合程度。针对目前地貌综合结果质量的评判的主观性及难以定量化问题，作者从地貌综合的约束条件出发，提出了地貌综合评价的模型框架，包括地形精度评价、地形描述评价、地形逻辑评价、地形典型化评价和地形总体保真性评价。其中，采用总体地形损失量的计算函数量化综合结果质量，也可以为自动选择综合算子或调整综合参数提供依据，是评价地貌综合结果质量的有效实现途径。可为后续研究提供思路。

研究展望

作者重点论述了DEM表达地貌信息的内涵和一般形式，提出了广义DEM的概念和地貌三维综合框架，深入研究了基于3DDP实现地貌特征点的三维选取各种算法，并就地貌与水系的一体化制图综合进行研究，也取得了一些成果，但还需要从以下几个方面进一步完善和发展。

（1）通过理论和实验分析表明，基于3DDP的各种算法能够有效地识别和提取地貌形态的主要特征点，为地貌三维综合提供了有力的技术支持。但是，对于复杂多样的地貌形态，如何针对不同类型的地貌区域选择合适的综合方法，以及算法的尺度适宜性问题，还有待进一步研究。

（2）地貌综合不仅需要揭示地表的立体形态特征，还需要考虑其他地理要素对地貌的地形约束，这也是作者提出的地貌与水系一体化综合的理论基础。如何实现各种地理要素，如道路、湖泊、居民地等，对地貌综合的地形约束，也是今后需要展开的工作内容之一。

（3）作者立足于地貌三维空间形态信息的理解，提出了地貌与水系一体化自动制图综合思想，并就中山地区地貌与树状河系数据的一体化制图综合进行了实验分析。下一步还将研究一体化综合算法对于不同水系形态，如羽状或辫状河系、双线河、湖泊等的一体化制图综合实现。

（4）综合程度的自动控制和综合结果质量的评价是地貌综合中的两个非常重要的问题，这也是当前制图综合领域尚未解决的难点。

本书作者针对地貌综合就这两个问题进行了研究，并提出了自动控制地貌综合程度的智能阻尼振荡法及地貌信息的量化方法和地貌综合结果优劣的评判方法，但尚未形成理论体系。